Jannes Kraft

Die Fuzzy-Logik
in der Mehrzielentscheidung

Bachelor + Master
Publishing

Kraft, Jannes: Die Fuzzy-Logik in der Mehrzielentscheidung, Hamburg, Bachelor + Master Publishing 2013

Originaltitel der Abschlussarbeit: Die Fuzzy-Logik in der Mehrzielentscheidung

Buch-ISBN: 978-3-95549-387-5
PDF-eBook-ISBN: 978-3-95549-887-0
Druck/Herstellung: Bachelor + Master Publishing, Hamburg, 2013
Covermotiv: © Kobes - Fotolia.com
Zugl. Georg-August-Universität Göttingen, Göttingen, Deutschland, Bachelorarbeit, Juni 2010

Bibliografische Information der Deutschen Nationalbibliothek:
Die Deutsche Nationalbibliothek verzeichnet diese Publikation in der Deutschen Nationalbibliografie; detaillierte bibliografische Daten sind im Internet über http://dnb.d-nb.de abrufbar.

Das Werk einschließlich aller seiner Teile ist urheberrechtlich geschützt. Jede Verwertung außerhalb der Grenzen des Urheberrechtsgesetzes ist ohne Zustimmung des Verlages unzulässig und strafbar. Dies gilt insbesondere für Vervielfältigungen, Übersetzungen, Mikroverfilmungen und die Einspeicherung und Bearbeitung in elektronischen Systemen.

Die Wiedergabe von Gebrauchsnamen, Handelsnamen, Warenbezeichnungen usw. in diesem Werk berechtigt auch ohne besondere Kennzeichnung nicht zu der Annahme, dass solche Namen im Sinne der Warenzeichen- und Markenschutz-Gesetzgebung als frei zu betrachten wären und daher von jedermann benutzt werden dürften.

Die Informationen in diesem Werk wurden mit Sorgfalt erarbeitet. Dennoch können Fehler nicht vollständig ausgeschlossen werden und die Diplomica Verlag GmbH, die Autoren oder Übersetzer übernehmen keine juristische Verantwortung oder irgendeine Haftung für evtl. verbliebene fehlerhafte Angaben und deren Folgen.

Alle Rechte vorbehalten

© Bachelor + Master Publishing, Imprint der Diplomica Verlag GmbH
Hermannstal 119k, 22119 Hamburg
http://www.diplomica-verlag.de, Hamburg 2013
Printed in Germany

An dieser Stelle möchte ich mich bei Hanna und meinen Eltern bedanken, die mich stets unterstützen und mir mein Studium ermöglicht haben.

I. Inhaltsverzeichnis

I. Inhaltsverzeichnis I

II. Abbildungsverzeichnis III

III. Abkürzungsverzeichnis IV

IV. Tabellenverzeichnis V

1. Einleitung 1

2. Grundlagen 2

    2.1 Entscheidungstheoretische Grundlagen 2

    2.2 Mehrkriterielle Entscheidungen 3

3. Mehrzielentscheidungsverfahren (MCDM) 4

    3.1 Outrankingverfahren 4

        3.1.1 Electre 4

        3.1.2 Promethee 6

        3.1.3 Vergleich Electre und Promethee 9

    3.2 Multikriterielle Bewertungsverfahren 10

        3.2.1 Der Analytische Hierarchie Prozess (AHP) 10

        3.2.2 Nutzwertanalyse 13

        3.2.3 Vergleich des AHP mit der NWA 18

4. Theorie der Unscharfen Mengen 19

    4.1 Unsicherheiten und Unschärfe 19

    4.2 Fuzzy Set-Theorie 21

        4.2.1 Zugehörigkeitsfunktionen 22

        4.2.2 Operatoren 29

5. Integration der Fuzzy Set-Theorie in die Nutzwertanalyse 32

    5.1 Theoretischer Referenzrahmen 32

    5.2 Fiktives Integrationsbeispiel der Fuzzy Set-Theorie 34

6. Fazit und Ausblick 39

V. Anhang VI

VI. Literaturverzeichnis IX

II. Abbildungsverzeichnis

Abbildung 3.1: Partielle Präordnung 8
Abbildung 3.2: Zielhierarchie der Nutzwertanalyse 15
Abbildung 4.1: Arten von Unsicherheiten 20
Abbildung 4.2: Modell scharfe Zahlen 22
Abbildung 4.3: Modell Fuzzy-Menge 22
Abbildung 4.4: Kennlinie 23
Abbildung 4.5: Skalierter Block 23
Abbildung 4.6: LR-Zugehörigkeitsfunktion 25
Abbildung 4.7: ελ-Zugehörigkeitsfunktion 26
Abbildung 4.8: Z- und S-förmige Zugehörigkeiteskurven 27
Abbildung 4.9: π-Zugehörigkeitsfunktion 27
Abbildung 4.10: Trianglefunktion 28
Abbildung 4.11: Trapezfunktion 28
Abbildung 4.12: Druchschnittsoperator "und" 29
Abbildung 4.13: Vereinigungsoperator "oder" 30
Abbildung 5.1: Kriterienbaum "Autokauf" 34
Abbildung 5.2: Fuzzy-Gewichte der Kriterien 35
Abbildung 5.3: Fuzzy-Intervalle der Kriterienbewertung 35
Abbildung 5.4: Ermittlung des Teilnutzens 36
Abbildung 5.5: Gesamtnutzen der Alternative Sportwagen 37
Abbildung 5.6: Gegenüberstellung der Fuzzy-Gesamtnutzen 37
Abbildung 5.7: Präferenzordnung 38

III. Abkürzungsverzeichnis

AHP	Analytische Hierarchie Prozess
Electre	Elimination et Choix Traduisant la Réalité
ET	Entscheidungsträger
MADM	Multi Attribute Decision Making
MCDM	Multi Criteria Decision Making
MODM	Multi Objective Decision Making
OR	Operations Research
Promethee	Preference Ranking Organization Method for Enrichment Evaluations

IV. Tabellenverzeichnis

Tabelle 4.1: Mengenoperationen 29
Tabelle V.1: Bewertungsschema VI
Tabelle V.2: Kriteriengewichtung VI
Tabelle V.3: Alternativenbewertung VII
Tabelle V.4: Fuzzygesamtnutzen der Alternativen VII
Tabelle V.5: Rangordnungsverfahren VIII

1. Einleitung

"... the complexity of a system increases, our ability to make precise and yet significant statement about its behavior diminishes until a threshold is reached beyond which precision and significance (or relevance) becomes almost mutually exclusive characteristics."[1]
Die hier von Zadeh beschriebene Unschärfe in komplexen Systemen bildet den Ausgangspunkt der nachstehenden Arbeit. Die klassischen Mehrzielentscheidungsverfahren fungieren hierbei als die o.g. komplexen Systeme. Ziel der vorliegenden Arbeit ist es, darzustellen, inwieweit sich Mehrzielentscheidungsverfahren durch die Integration der Fuzzy-Logik optimieren lassen.

Als Einführung in den Themenkomplex der Mehrzielentscheidung werden hierzu im ersten Teil der Arbeit zunächst Grundlagen der Entscheidungstheorie charakterisiert. Im zweiten Abschnitt werden die komplexen Systeme, die multikriteriellen Entscheidungsverfahren, aufgeführt. Die Intension besteht darin herauszufinden, inwieweit sich die Verfahren für eine Integration der Fuzzy-Logik eignen. Hierbei sollen die vier bedeutendsten Verfahren dargestellt werden. Im Anschluss an die Präsentation der Verfahren werden diese hinsichtlich ihrer Integrationstauglichkeit gegeneinander abgegrenzt. Nach dem Methodenteil soll, im dritten Abschnitt, die Fuzzy-Logik im Detail erklärt werden. Diesbezüglich stehen zunächst die Entstehungsgeschichte sowie Aspekte der Theorie im Fokus. Desweiteren werden Visualisierungs- und Verknüpfungsmethoden der Fuzzy-Thematik detailliert beschrieben. Die gewählten Unterpunkte des Abschnitts dienen zum einen dem Verständnis der Fuzzy-Theorie, zugleich sind sie jedoch auch Grundlagen für die anschließende Integration der Fuzzy-Logik in das Mehrzielentscheidungsverfahren.
Schlussendlich bedarf es einer Fusion der theoretischen Kapitel zwei und drei, um der thematischen Zielsetzung der Arbeit gerecht zu werden. Hierfür wird im fünften Kapitel zunächst ein theoretischer Referenzrahmen des Integrationsmodells konstruiert. Im Anschluss soll dieser Rahmen an Hand eines fiktiven Beispiels illustriert und überprüft werden. Resümierend wird aus dem modifizierten Entscheidungsprozess im Nachgang ein abschließendes Fazit gezogen.

---

[1] Zadeh, Lotfi A. (1973), Seite 1

2. Grundlagen

2.1 Entscheidungstheoretische Grundlagen

Entscheidungstheorien lassen sich als Orientierungs- bzw. Entscheidungshilfen beschreiben, die den Entscheidungsträger bei der Wahl von Handlungsalternativen unterstützen.[2] Hierunter lassen sich vereinfachend logische und empirische Analysen des rationalen Entscheidungsverhaltens subsummieren. Im Folgenden sollen nun zwei wesentliche Teilaspekte der Entscheidungstheorie beleuchtet werden. Zum einen die deskriptive (beschreibende), sowie die präskriptive (vorschreibende) Theorie.[3] Mit Hilfe des deskriptiven Theoriemodells ist es möglich das tatsächliche menschliche Entscheidungsverhalten dar zustellen. Die maßgebliche Leitfrage der Theorie beschäftigt sich mit der Fragestellung: "Wie werden Entscheidungen in der Wirklichkeit getroffen und warum werden sie so und nicht anders getroffen?"[4] Im Gegensatz zu empirischen Hinterfragung der deskriptiven Entscheidung besitzt die präskriptive Theorie einen vorschreibenden Charakter. Das zentrale Merkmal der Theorie ist hierbei der rational handelnde „Homo oeconomicus". Eine weitere Grundlage des präskriptiven Modells ist die formale Rationalität, d.h. der Entscheidungsträger (ET) ist mit einem widerspruchsfreien Zielsystem konfrontiert. Infolge dessen wird in der Literatur auch der Begriff der Rationalitätsanalyse verwendet.[5] Ziel der Theorie ist es, rationale Entscheidungen mit Hilfe von Regeln und Normen zu standardisieren, um einen möglichst hohen Zielerreichungsgrad zu erreichen.[6] Unterstützungsmodelle in der präskriptiven Entscheidungsfindung sind, bedingt durch Unsicherheit, Zielkonflikte und Komplexität, ein wichtiger Faktor um transparente und erfolgreiche Entscheidungen treffen zu können.[7] Auf Basis der entscheidungstheoretischen Grundlagen sollen hieraus im Nachgang mehrkriterielle Entscheidungen definiert werden, um realitätsgetreue Entscheidungssituationen abbilden zu können.

---

[2] Vgl. Laux, H. (2007), Seite 13
[3] Vgl. Bamberg, G., Coenenberg, A. G. (2006), Seite 1f.
[4] Vgl. Meyer, R. (2000), Seite 2
[5] Vgl. Bamberg, G., Coenenberg, A. G. (2006), Seite 2f., Rommelfanger, H.J., Eickemeier, S.H. (2002), Seite 2
[6] Vgl. Rommelfanger, H.J., Eickemeier, S.H. (2002), Seite 2
[7] Vgl. Eisenführ, F., Weber, M. (2003), Seite 3f.

2.2 Mehrkriterielle Entscheidungen

Die Wurzeln der mehrkriteriellen Entscheidungsfindung lassen sich bis zum Zweiten Weltkrieg zurückverfolgen. Während dieser Zeit wuchs das Bedürfnis nach linearen und nicht linearen Entscheidungsmodellen, um Transportprobleme effizient lösen zu können. Erst Mitte der siebziger Jahre entwickelte sich aus der multikriteriellen Optimierung ein eigenständiger Forschungszweig, das sogenannte Operations Research (OR).[8] Im folgenden Abschnitt sollen einige Mehrzielentscheidungsverfahren, die sogenannten Multi Criteria Decision Making (MCDM) näher erläutert und verglichen werden. Das maßgebliche Differenzierungsmerkmal der MCDM-Modellfamilie stellt der verwendete Lösungsraum da. Hinsichtlich des Lösungsraumes wird in der Literatur zwischen diskreten und stetigen Lösungsräumen unterschieden.[9] Bei der diskreten Lösung, dem Multi Attribute Decision Making (MADM), werden die endlichen Alternativen des Entscheidungsproblems, im Bezug auf Präferenzen des Entscheidungsträgers, zu aussagekräftigen Indizes aggregiert. Das Ziel hierbei ist es, eine möglichst vergleichbare Entscheidungsgrundlage zu kreieren.[10] Beim komplementären Entscheidungsmodell, der stetigen Alternative, dem Multi Objective Decision Making (MODM) gibt es keinen expliziten Alternativenpool. Die Alternativen sind hierbei lediglich durch Nebenbedingungen charakterisiert, um die bestmöglichste Alternative hinsichtlich der quantifizierten Zielfunktionen zu finden.[11] Die MODM-Modelle sind in der Literatur auch als Vektoroptimierungsmodelle bekannt, da die präferierte Notation der Zielfunktionen in Vektorenform vorliegt.[12] Im Gegensatz zu den MODM-Modellen, werden die MADM-Modelle als Kompromissmodelle bezeichnet. Durch eine Festlegung von Kriteriengewichten wird somit eine Kompromisszielfunktion konstruiert und keine explizite Zielfunktion ausgegeben wird.[13]
In der nachfolgenden Arbeit werden lediglich die Mehrzielentscheidungsverfahren der MADM-Familie näher beleuchtet. Die Modelle lassen sich zu genaueren Analyse in zwei große Gruppen einteilen. Unter der ersten Gruppe der sogenannten Outrankingverfahren, lassen sich das Electre- sowie das Prometheeverfahren subsummieren. In der zweiten Modellgruppe, der Gruppe der multiattributiven Verfahren, werden die wichtigsten Vertreter der Analytische-Hierarchie-Prozess und die Nutzwertanalyse charakterisiert.[14] Im Anschluss an die Verfahrensdarstellungen sollen Vergleiche gezogen werden und die Möglichkeit diskutiert werden, inwieweit die Fuzzylogik in die Mehrzielentscheidungsverfahren integriert werden kann.

---

[8] Vgl. Hanne, T. (1998), Seite 1
[9] Vgl. Geldermann, J. (2006), Seite 119f.
[10] Vgl. Geldermann, J. (1999), Seite 95
[11] Vgl. Johtela, T., et al. (1998), Seite 4
[12] Vgl. Hwang, C., Yoon, K. (1981), Seite 3ff.
[13] Vgl. Zimmermann, H.J., Gutsche, L. (1991), Seite 35
[14] Vgl. Gurkasch, D. (2007), Seite 11

3. Mehrzielentscheidungsverfahren (MCDM)

3.1 Outrankingverfahren

Einführend soll hier ein Ansatz der MADM-Familie, das sogenannte Outrankingverfahren, dargestellt werden. Der vornehmliche Anwendungs- und Forschungsbereich lässt sich hierbei den Ländern Frankreich, Belgien sowie Italien zuordnen. Grundsätzlich ist das Verfahren als Alternativenvergleich unter Berücksichtigung aller Kriterien anzusehen. Dem Entscheidungsträger wird hierbei unterstellt, dass er häufig weder über vollständige noch widerspruchsfreie Informationen verfügt. Die ungleichen Informationsstände führen hierbei zu erheblichen Problemen bei der Entscheidungsfindung. Die Charakteristika der Outrankingverfahren sind somit auf Unvergleichbarkeiten und schwache Präferenzausprägungen zurückzuführen.[15]

3.1.1 Electre

Das älteste Outrankingverfahren das Electreverfahren[16], ist auf die Idee von Benayoun, Roy und Süßmann zurückzuführen.[17] „Der Vergleich soll feststellen, inwieweit Bewertungen der Alternativen und der Präferenzgewichte der Aussage zustimmen oder widersprechen, dass eine Alternative die andere dominiert."[18] Dem Verfahren liegt die Annahme zu Grunde, dass der ET nur verbale Aussagen über Beziehungen zwischen Alternativen treffen kann. Hierbei ist er nur in der Lage zu beschreiben, dass z.B. Alternative „A sehr viel besser ist als B", oder „A wenig besser ist als B". Aus diesen Aussagen werden mit Hilfe des Electre-Verfahrens Hypothesen bezüglich der Präferenzvorstellungen der Alternativen abgeleitet. Im Nachgang werden hieraus Outranking-Relationen bestimmt, die zu einem gewissen Grad mit Ungenauigkeiten, Abweichungen und Widersprüchen behaftet sind. Deshalb werden sowohl festgelegte Konkordanz- als auch Diskordanz-Schwellenwerte benötigt. Hieraus lassen sich nun Interpretationen über Dominanzbeziehungen zwischen den Alternativen identifizieren.[19] Zur Analyse der Dominanzbeziehungen zwischen den Alternativen werden spezielle Konkordanz- und Diskondanzmengen definiert.[20]

---

[15] Vgl. Geldermann, J. (1999), Seite 97ff.
[16] ELECTRE steht für : ELimination Et Choix Traduisant la REalité (Elimination and Choice Expressing Reality)
[17] Vgl. Ossadnik, W. (1998), Seite 32
[18] Zimmermann, H.J., Gutsche, L. (1991), Seite 207
[19] Vgl. Ziegenbein, R. (1998), Seite 23, Zimmermann, H.J., Gutsche, L. (1991), Seite 206ff.
[20] Vgl. Zimmermann, H.J., Gutsche, L. (1991), Seite 208

Zimmermann und Gutsche (1991) definieren den Ablauf des Verfahrens in neun Unterpunkten.[21] Im ersten Verfahrensschritt werden in einer Matrix zunächst normierte Zielerreichungsgrade r_{ij} mit den Kriterienausprägungen x_{ij} definiert. Hierbei können sowohl Maximierungsals auch Minimierungskriterien berücksichtigt werden.[22] Die normierten Zielerreichungsgrade r_{ij} werden im zweiten Schritt mit dem gegeben Gewichtsvektor w_j multipliziert. Hierbei ergibt sich die gewichtete, normierte Zielerreichungsmatrix v_{ij}. Der gegeben Gewichtsvektor beinhaltet die Präferenzen der Kriterien untereinander. Die Daten der Zielerreichungsmatrix v_{ij} werden erst im fünften Schritt wieder benötigt.[23]

Um die Alternativen vergleichen zu können, werden sie im dritten Schritt paarweise geordnet. Hierzu werden die Alternativenpaare k und l sogenannten Konkordanz- bzw. Diskonkordanz-Mengen zuordnet. Die Konkordanzmenge enthält dabei alle Kriterien, in denen k mindestens so gut ist wie l. Die komplementäre Diskordanzmenge beinhaltet die übrigen Kriterien, in denen k schlechter ist als die Alternative l.[24] Im vierten Verfahrensschritt wird zunächst die Konkordanz-Matrix konstruiert. Hierbei werden die Kriteriengewichte der Konkordanzmenge normiert und summiert. Der Konkordanzindex c_{kl} ist ein Ausdruck der gewichteten Häufigkeit der Dominanz der $k-ten$ über die $l-te$ Alternative (siehe Gleichung 1).

$$c_{kl} = \sum_{j \in c_{kl}} w_j / \sum_{j=1}^{n} w_j \qquad \text{(Gleichung 1)}$$

Durch die Normierung sind die Indizes auf das Intervall [0,1] beschränkt. Großen Konkordanzwerten (c_{kl}) nahe oder gleich 1 verdeutlichen, dass die $k-te$ Alternative der $l-ten$ Alternative gegenüber bevorzugt wird.

Im Kontrast hierzu sollen die Diskordanzindizes im fünften Schritt aufzeigen, in welchem Grad die Alternative k schlechter ist als die Alternative l. Im Gegensatz zu den Konkordanzindizes werden bei der Diskordanz-Matrix die maximalen Abweichungen der Zielerreichungsmatrix v_{ij} verwendet (siehe Gleichung 2)

$$d_{kl} = \frac{\max_{j \in d_{kl}} |v_{kj} - v_{lj}|}{\max_{j \in J} |v_{kj} - v_{lj}|} \qquad \text{(Gleichung 2)}$$

Auch hier wird der Index d_{kl} auf das Intervall [0,1] normiert. Analog zum Konkordanzindex repräsentiert ein hoher d_{kl} Wert die Vorteilhaftigkeit der Alternative l gegenüber Alternative k.

In Schritt sechs und sieben werden nun im Anschluss eine Konkordanz-Dominanz-Matrix und eine Diskordanz-Dominanz-Matrix aufgestellt. Hierfür werden die bereits erwähnten

---

[21] Vgl. Zimmermann, H.J., Gutsche, L. (1991), Seite 208
[22] Vgl. Zhang, M.E. K. (2004), Seite 28
[23] Vgl. Zimmermann, H.J., Gutsche, L. (1991), Seite 208
[24] Vgl. Zhang, M.E. K. (2004), Seite 28

Schwellenwerte benötigt. Der Konkordanz-Schwellenwert $\overline{c} \in R$ sowie der Diskordanz-Schwellenwert $\overline{d} \in R$ müssen vom ET vorgegeben werden.[25] Alternativ kann hier jedoch auch der Mittelwert als Schwellenwert genutzt werden. Allgemein wird der Konkordanzindex mit dem Konkordanz-Schwellenwert vergleichen. Ist c_{kl} mindestens so groß wie $\overline{c}$, wird der entsprechende Eintrag in eine Konkordanz-Dominanz-Matrix f_{kl} zu 1, sonst zu 0. Die Diskordanz-Dominanz-Matrix h_{kl} wird analog aufgebaut. Die Einträge werden zu 1, wenn $d_{kl} \leq \overline{d}$ und zu 0, wenn $d_{kl} > \overline{d}$.[26] Im vorletzten Schritt werden die errechneten Matrizen zu einer gemeinsamen Dominanz-Matrix $e_{kl} = f_{kl} * h_{kl}$ aggregiert. Als Ausprägungen sind hierbei lediglich die Werte 0 und 1 zu beobachten. Die Koeffizientenausprägung 1 besagt, dass die Alternative l durch die Alternative k dominiert wird. Zugleich ist bei dieser Ausprägung die auftretende Diskondanz für ein Veto zu gering. Im Gegensatz hierzu, liegt bei $e_{kl} = 0$ ein Veto gegen die angesprochene Dominanz vor. Alternativ lässt sich hiermit beweisen, dass die Konkordanz hinsichtlich der Dominanz ungenügend war. Im abschließenden neunten Schritt werden die dominierten Alternativen ermittelt und aus der Dominanz-Matrix e_{kl} gestrichen. Weißt eine Alternative am Ende einen Spaltenwert von $e_{kl} = 1$ auf, so ist diese als dominante Strategie anzusehen. Das vorgestellte Electre-Verfahren ist im hohen Maße abhängig von den gewählten Schwellenwerten. Diese Eigenschaft ist zugleich ihr größter Nachteil, da die Wahl der Schwellenwerte willkürlich ist. Mit dem nachfolgenden Promethee-Verfahren soll diesbezüglich ein alternatives Outrankingverfahren aufgezeigt werden.[27]

3.1.2 Promethee

Im Jahre 1985 entwickelten Brans und Vincke das Electreverfahren weiter, um die Glaubwürdigkeit sowie die Akzeptanz des Verfahrens zu verstärken. Bei dem entwickelten Verfahren werden verallgemeinerte Kriterien verwendet, die vom Entscheider problemspezifisch festgelegt werden können. Hieraus ergibt sich der Unterschied zu anderen Outrankingverfahren, da alle verwendeten Parameter eine reale Bedeutung haben. Das Ergebnis ist ein weiteres Ourtrankingverfahren der französischen Schule, das sogenannte Promethee-Verfahren (Preference Ranking Organization Method for Enrichment Evaluations).[28] Diesem Verfahren obliegt die gleiche Ausgangslage wie dem Electreverfahren. Auch hier verfügt der ET nicht über genaue, vollständige und widerspruchsfreie Informationen. Somit ist er folglich auch nicht in der Lage eine schwache Ordnung von Alternativen zu konstruieren. Ziel des

---

[25] Vgl. Zimmermann, H.J., Gutsche, L. (1991), Seite 210
[26] Vgl. Zhang, M.E. K. (2004), Seite 29f.
[27] Vgl. Zimmermann, H.J., Gutsche, L. (1991), Seite 211f.
[28] Vgl. Brans, J.P., Vincke, P. (1985), Seite 648

Verfahrens ist es, jedes Bewertungskriterium problembezogen mit einer Präferenzfunktion zu verknüpfen.[29] Der Entscheidungssachverhalt, ob der ET einer Alternative Präferenz oder Indifferenz beimisst, wurde durch die Zulassung von abgestufter Präferenz entschärft. Unter Einbezug einer Präordnung vermag es das Verfahren Alternativen zu ordnen und zu selektieren. Die spezielle Präordnung lässt sich als Rangfolge charakterisieren, in der sowohl Unvergleichbarkeiten als auch transitive Beziehungen von Alternativen möglich sind.[30] Das angesprochene Verfahren erhebt hierbei nicht den Anspruch, die allgemein beste Alternative zu finden, sondern versteht sich eher als Identifikationshilfe für multikriterielle Entscheidungsprobleme.[31]

Die Alternativen werden vom ET nun hinsichtlich verschiedener Präferenzen verglichen. Hierzu werden die Alternativen in der Form $f_k(A_i)$ als kardinal gemessene Ausprägung der Alternative A_i im Bezug auf das Kriterium f_k notiert. Es wird im Folgenden gemäß der Gleichung 3 ein Paarvergleich aller Alternativen miteinander vollzogen.

$$p_k(A_i, A_j) = p_k\left(f_k(A_i) - f_k(A_j)\right) = p_k(d_k(A_i, A_j)) \qquad \text{(Gleichung 3)}$$

Der ermittelte Präferenzwert $p_k(A_i, A_j)$ konkretisiert, in welchem Maße A_i die Alternative A_j hinsichtlich des Kriteriums f_k dominiert. Die Besonderheit des Verfahrens ist es, auch schwache Präferenzwerte zwischen strenger Präferenz ($p_k(A_i, A_j) = 1$) und Indifferenz ($p_k(A_i, A_j) = 0$) zuzulassen. Die Ausprägungen Indifferenz, schwache Präferenz und strikte Präferenz können mit Hilfe von sechs typischen Präferenzfunktionen flexibel visualisiert werden.[32] Für eine detaillierte Darstellung der Präferenzfunktionen sei auf Brans, Vincke (1985) verwiesen.[33]

Der Verfahrensablauf lässt sich hierbei in vier Phasen untergliedern. Zunächst erfolgt die Konkretisierung der Zielkriterien, es wird dabei vorausgesetzt, dass die Ausprägungen der Alternativen in kardinal skalierter Form vorliegen. Im anschließenden zweiten Schritt bedarf es der Wahl einer passenden Präferenzfunktion. Im vorletzten Schritt werden die sogenannten Outranking-Relationen bestimmt, indem für jedes Alternativenpaar (A_i, A_j) zwei Präferenzwerte $p_k(A_i, A_j)$ ermittelt werden. Zunächst wird jedoch ein Gewichtungsfaktor w_k definiert, der die relative Bedeutung der Kriterien wiederspiegelt. Diese Gewichte werden daraufhin mit den Präferenzwerten multipliziert (siehe Gleichung 4).

$$\pi(A_i, A_j) = \sum_{k=1}^{K} w_k \times p_k(A_i, A_j) \qquad \text{(Gleichung 4)}$$

---

[29] Vgl. Pflugfelder, M. (2007), Seite 8
[30] Vgl. Götze, U. (2006), Seite 217f.
[31] Vgl. Coello Coello, C., et al.(2007), Seite 45
[32] Vgl. Brans, J.P., Vincke, P.(1985),Seite 649f., Götze, U. (2006), Seite 218f.
[33] Vgl. Brans, J.P., Vincke, P.(1985),Seite 650-652

Die resultierenden Outrankingindizes $\pi(A_i, A_j)$ repräsentieren somit das gewichtete Mittel der kriterienspezifischen Präferenzwerte. Die Interpretation, hinsichtlich Indifferenz und starker Präferenz, erfolgt nun anlog der Präferenzwertbetrachtung. Im Anschluss hieran werden die Relationen, mit Hilfe eines Knotengrafen grafisch illustriert. Pro Alternativenpaar existieren somit zwei Outrankingindizes und somit auch zwei Pfeile und zwei Knoten. Auch eine Matrizenschreibweise ist hierbei denkbar.[34]

Im vierten und letzten Schritt des Promethee-Verfahrens werden die ermittelten Outranking-Relationen ausgewertet. Es lassen sich hierbei für jeden Knotenpunkt zwei Flussgrößen definieren. Die Flussgröße F^+ steht hierbei für die Aggregation aller Präferenzen -Kanten- einer Alternative A_i gegenüber allen Anderen. Die Interpretation dieser Größe ist mit der Konkordanz des Electreverfahrens vergleichbar. Die komplementäre Betrachtung, die Flussgröße F^-, wird analog hierzu mit der Diskordanz verglichen und ist ein Index für die Dominanz durch andere Alternativen.[35] Aus dem Vergleich der Flussgrößen lässt sich nun eine abschließende partielle Präordnung formen, in der Präferenz, Indifferenz sowie Unvergleichbarkeit gleichermaßen berücksichtigt werden (siehe Abbildung 3.1). Zur Illustration der Präordnung ist Abbildung 3.1 zu entnehmen, dass Alternative $A4$ von allen Anderen dominiert wird, wohingegen zwischen $A2$ und $A3$ eine Unvergleichbarkeit besteht.

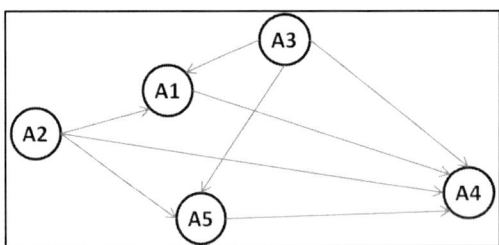

Abbildung 3.1: Partielle Präordnung[36]

Ist die vollständige Reihenfolgeordnung das erkläre Ziel, so bedarf es einer Abwandlung des Promethee-Verfahrens. Im Promethee-II-Verfahren werden im letzten Schritt c.p. hingegen Nettoflussgrößen betrachtet, um eine vollständige Präferenzrelation der Alternativen zu erstellen. Durch den Quotienten von F^+ und F^- werden die Stärken und Schwächen der Alternativen teilweise kompensiert und es ist mit einem Informationsverlust zu rechnen.[37]

---

[34] Vgl. Götze, U. (2006), Seite 221f.
[35] Vgl. Zimmermann, H.J., Gutsche, L. (1991), Seite 227f.
[36] Götze, U. (2006), Seite 227
[37] Vgl. Oberschmidt, J., et al. (2009), Seite 4

3.1.3 Vergleich Electre und Promethee

Bei den Outrankingverfahren Electre und Promethee besteht in ihrer Grundform eine dominante Gemeinsamkeit. Beiden Verfahren gehen von der Grundannahme aus, dass der ET weder über vollständige noch widerspruchsfreie Informationen verfügt und somit keine Alternative gemäß einer schwachen Ordnung präferiert. Weiterhin basieren beide Verfahren auf paarweisen Alternativenvergleichen für jeweils ein bestimmtes Kriterium. Ein spezieller Nachteil des Electreverfahrens ist die willkürliche Definition der Schwellenwerte sowie die undefinierte Kriteriengewichtung. Im Gegensatz dazu generiert das Prometeeverfahren mit der Verwendung von real bedeutsamen Parametern Akzeptanz gegenüber Dritten. Schlussendlich vermag es jedoch keines der beiden Verfahren eine klare und vollständige Rangfolge hervorzubringen.[38] Folglich besteht der Vorteil der Outrankingverfahren in der Vorauswahl von Alternativen und bietet somit lediglich Hilfestellung in der Mehrzielentscheidung.[39] Die Outrankingverfahren disqualifizieren sich auf Grund der geringen Akzeptanz sowie der partiellen Präordnung hinsichtlich einer Integration der Fuzzy Set-Theorie. In den folgenden Kapiteln soll geklärt werden, ob sich multikriterielle Bewertungsverfahren mit einer exakten Alternativenordnung besser für die Einbettung eignen.

---

[38] Vgl. Zimmermann, H.J., Gutsche, L. (1991), Seite 212ff., Geldermann, J. (2005), Seite 135ff.
[39] Vgl. Geldermann, J. (2005), Seite 135f.

3.2 Multikriterielle Bewertungsverfahren

Im Rahmen der Differenzierung der MADM-Modelle sollen im Folgenden die multikriteriellen Entscheidungsverfahren erörtert werden. Die folgenden Verfahren grenzen sich maßgeblich gegenüber den Outrankingverfahren durch eine klare Präferenzstruktur ab. Die hierbei erörterten Verfahren versuchen durch die Aggregation von Nutzwerten subjektiv optimale Präferenzen zu generieren. Im Anschluss hieran soll über eine mögliche Integration der Fuzzy-Logik in die Verfahren diskutiert werden.[40]

3.2.1 Der Analytische Hierarchie Prozess (AHP)

Als erstes klassisches MADM-Verfahren soll im Folgenden das von Thomas L. Saaty gegen Ende der 1970er Jahre entwickelte AHP Verfahren charakterisiert werden. Bezeichnend für das AHP ist, dass das Oberziel des multikriteriellen Entscheidungsproblems in eine Hierarchie von Ziel- und Maßnahmenebenen aufgespalten wird, um somit das relevante Entscheidungsproblem zu vereinfachen und zu strukturieren. Die Basis dieser Hierarchie bilden die Alternativen des Entscheidungsproblems. Bei der Aufspaltung kommen hierbei sowohl qualitative als auch quantitative Kriterien zum Tragen. Der Kern des Verfahrens besteht aus dem Paarvergleich von Alternativen, um die relative Bedeutung der definierten Kriterien bestimmen zu können. Somit lassen sich folglich Aussagen über die Vorteilhaftigkeit von Teilzielen oder ganzen Alternativen hinsichtlich des Oberzieles ableiten.[41]

Die Vorgehensweise des AHP Verfahren ist deutlich durch die drei Facetten des Namens charakterisierbar. Analytisch bedeutet in Fall des AHP, dass logische und mathematische Verfahren angewandt werden, um numerische Werte transparent darstellen zu können. Die hierarchische Komponente soll aufzeigen, dass das Entscheidungsproblem in Ziele, Kriterien, Unterkriterien und Alternativen aufgeteilt wird, um dem Fokus auf die Teilprobleme zu lenken. Der Begriff des Prozesses betont den zeitlichen Aspekt der Entscheidungsfindung. Der damit verbundene Prozess des Lernens, Erörterns und Überprüfens soll mit Hilfe des AHP unterstützt und optimiert werden.[42]

Die Eckpfeiler des AHP bilden die von Saaty definierten vier mathematischen Axiome.[43] Beim ersten Axiom wird unterstellt, dass die Alternativen in einer reziproken Beziehung zueinander stehen. Das bedeutet, dass wenn eine Alternative (a_{ij}) für den ET doppelt so wichtig ist als eine Alternative (a_{ji}), die Alternative (a_{ji}) nur halb so wichtig im Bezug auf

---

[40] Vgl. Gurkasch, D. (2007), Seite 14
[41] Vgl. Götze, U. (2006), Seite 188
[42] Vgl. Zimmermann, H.J., Gutsche, L. (1991), Seite 65f.
[43] Vgl. Saaty, T. (1986), Seite 844 f.

Alternative (a_{ij}) ist. Daraus folgt, dass für die Paarvergleichmatrix $\frac{n}{2n \times (n-1)}$ Vergleiche nötig sind. Die Bedingung des zweiten Axioms besagt, dass der Bewertungsmaßstab zweier Alternativen nicht unendlich groß bezüglich eines Kriterium sein darf. Das dritte Axiom setzt voraus, dass sich das Entscheidungsproblem mit Hilfe der Hierarchiestruktur abbilden lässt. Dabei wird auf klar definierte und scharf voneinander abgegrenzte Kriterien abgestellt.[44] Desweiteren müssen die Elemente des Paarvergleichs autark hinsichtlich der Elemente der über bzw. untergeordneten Hierarchieebene sein.[45] Das letzte Axiom besagt, dass die abgebildeten Kriterien und Alternativen der Hierarchie den subjektiven Präferenzvorstellungen des ET entsprechen müssen.[46]

Im Folgenden soll nun das Ablaufschema des AHP kurz erläutert werden. Ziel des ersten Abschnitts ist die Entwicklung einer hierarchischen Struktur. Hierbei wird der Entscheidungssachverhalt sukzessiv zerlegt und strukturiert. Dabei ist auf eine exakte Separierung zwischen den Alternativen und den Unterzielen zu achten. Desweiteren gilt die Restriktion, dass nur vertikale relative Beziehungen entlang der Hierarchiekette existieren dürfen. Horizontale Beziehungen in derselben Ebene sollten hingegen vermieden werden. Die Kriterien innerhalb einer Ebene sollten jedoch vergleichbar sein. Bei der Erstellung der Hierarchie sei zudem in besonderem Maße auf das dritte Axiom Saaty's verwiesen.[47] Die Bildung der Hierarchie ist, neben den Restriktionen, lediglich an die subjektiven Einschätzungen des ETs gebunden und kann somit nicht pauschalisiert werden. Folglich würden zwei verschiedene ETs auch zwei verschiedene Hierarchien aufstellen.[48] Der zweite Schritt des AHP beschäftigt sich mit dem Paarvergleich und der Frage, „in welchem Maße dominiert das eine Element das andere Element des betrachteten Paares im Hinblick auf ein bestimmtes Element der nächst höheren Hierarchiestufe?"[49] Dabei wird „die relative Bedeutung eines jeden Elements in Bezug auf jedes Element der übergeordneten Hierarchieebene durch Paarvergleiche mit allen anderen Elementen der gleichen Ebene bestimmt."[50] Bei qualitativen Merkmalen kann davon ausgegangen werden, dass der ET für alle Elementpaare der entstandenen Paarvergleichsmatrix einen Verhältniswert auf der Saaty-Skala angeben kann.[51] Der Vorteil der Bewertungsskala liegt in der Umwandlung der verbalen Präferenzurteile in ein mathematisches skalierbares Niveau.[52] Im nachgelagerten dritten Schritt werden die zugehörigen

---

[44] Vgl. Zimmermann, H.J., Gutsche, L. (1991), Seite 67f.
[45] Vgl. Harker, P. (1989), Seite 25
[46] Vgl. Zimmermann, H.J., Gutsche, L. (1991), Seite 69
[47] Vgl. Götze, U. (2006), Seite 189
[48] Vgl. Vargas, L. (1990), Seite 2
[49] Zimmermann, H.J., Gutsche, L. (1991), Seite 69
[50] Götze, U. (2006), Seite 189
[51] Vgl. Lillich, L. (1992), S. 76; Zur Erläuterung der Saaty-Skala vgl. Götze, U. (2006), Seite 190
[52] Vgl. Götze, U. (2006), Seite 190

Gewichte der Paarvergleichsmatrizen hinsichtlich der relativen Bedeutung, im Bezug auf die über ihnen stehenden Zielkriterien, nach Saatys-Eigenvektormethode berechnet.[53] Meist liegen jedoch inkonsistente Prioritätenschätzungen vor, daher ergibt sich eine Mehrzahl von Eigenvektoren.[54] Hierzu werden der maximale Eigenwert L_{max}, sowie der normierte Eigenvektor errechnet (zur genaueren Erklärung der Eigenvektormethode sei auf Götze, U. (2006) verwiesen).[55] Mit Hilfe von Nährungsverfahren lassen sich dementsprechend exakte Lösungen generieren.[56] Im vierten Schritt erfolgt nun eine Konsistenzprüfung der Paarvergleichsmatrizen. An Hand des von Saaty erarbeiteten Berechnungsschemas werden ausschließlich Paarvergleiche die einen Konsistenzwert von $\leq 0{,}1$ aufweisen für akzeptabel erachtet.[57] Erfüllt der Paarvergleich dieses Kriterium, werden die Gewichtungen der Alternativen bezüglich der Ziele für die gesamte Hierarchie berechnet.[58] Wird hingegen diese Konsistenzbedingung nicht erfüllt, bedarf es einer Revision der Schritte zwei bis vier.[59] Die Berechnung der Ziel und Maßgrößenprioritäten folgt abschließend im fünften Schritt. Hierbei werden die einzelnen Gewichtungsvektoren aller Paarvergleichsmatrizen addiert, um die globale Priorität der Handlungsalternativen im Hinblick auf das Oberziel zu bestimmen.[60] Das am Ende ermittelte Gewicht der Alternative im Bezug auf das Oberziel liegt im Intervall zwischen 0 und 1 .[61]

Abschließend ist anzuführen, dass der AHP als geeignetes Mittel zur multikriteriellen Entscheidungsunterstützung angesehen werden kann, da sowohl qualitative als auch quantitative Informationen verarbeitet werden können. Zudem liefert die Praxis weitere positive Aspekte des AHP. Praktische Relevanz erlangt das Verfahren zudem durch die gute Visualisierbarkeit mittels einfacher Officetools wie Microsoft Excel.[62] Desweiteren repräsentiert der AHP keine klassische Marktforschung, da zur Datenerhebung die benötigten Daten von Experten intern gesammelt werden.[63] Als wesentlicher Kritikpunkt des AHP ist die Saaty'sche Skala anzuführen. Die Präferenzen könnten durch Austauschraten besser dargestellt werden als mit der 9 Punkte Skala von Saaty. Desweiteren gilt das angewendete additive Modell im

---

[53] Vgl. Rommelfanger, H., Eickemeier, S. (2002), Seite 153; Zimmermann, H.J., Gutsche, L. (1991), Seite 57f.
[54] Vgl. Braun, O. (2009), Seite 116
[55] Vgl. Götze, U. (2006), Seite 193
[56] Vgl. Fink, K., Christian, P. (2006), Seite 106
[57] Vgl. Rommelfanger, H., Eickemeier, S. (2002), Seite 155
[58] Vgl. Zimmermann, H.J., Gutsche, L. (1991), Seite 70
[59] Vgl. Harker, P. (1989), Seite 32
[60] Vgl. Götze, U. (2006), Seite 195
[61] Vgl. Zimmermann, H.J., Gutsche, L. (1991), Seite 72
[62] Vgl. Ossadnik, W. (1998), Seite 138
[63] Vgl. Ahlert, M. (2003), Seite 60

fünften Verfahrensschritt als fraglich, da eine starke Präferenzunabhängigkeit, sowie eine hohe Substituierbarkeit der Ziele vorausgesetzt werden.[64]

3.2.2 Nutzwertanalyse

Ein weiteres bedeutendes Entscheidungsverfahren der MADM-Modellfamilie ist die 1970 von Christof Zangemeister beschriebene Nutzwertanalyse.[65] Dieses klassische Entscheidungssystem wird definiert, als „Analyse einer Menge komplexer Handlungsalternativen mit dem Zweck, die Elemente dieser Menge entsprechend den Präferenzen des Entscheidungsträgers bezüglich eines multidimensionalen Zielsystems zu ordnen".[66] Die Grundidee dieses Verfahren ist es, den Entscheidungssachverhalt in Teilnutzen zu untergliedern, um die Alternative differenzierter betrachten und deren Messbarkeit verbessern zu können.[67] Die gefunden Teilnutzen werden daraufhin mit subjektiven Kriteriengewichten zum Nutzwert aggregiert.[68] Ziel dieses Entscheidungsmodelles ist es, verschiedene Handlungsalternativen im Hinblick auf die multikriteriellen Zielsetzungen anhand bestimmter subjektiver Bewertungskriterien vergleichbar zu machen.[69] Das beschriebene Entscheidungsmodell basiert auf der Grundannahme, dass der Entscheidungsträger die Alternative bevorzugt, die ihm den größten summierten Teilnutzen bietet.[70]

Der maximale Nutzen wird hierbei als wirtschaftlicher Wert, in Anlehnung an die Haushaltstheorie, als die Fähigkeit eines Gutes definiert, ein bestimmtes Bedürfnis des Entscheidungsträgers befriedigen zu können.[71] Die Nutzwertanalyse präsentiert sich als einfach strukturiertes Entscheidungsmodell, deren praktischen Umsetzung keinerlei weiterführender Kenntnisse erfordert. Es sei jedoch hinzuzufügen, dass die Konzipierung der Kriterien, sowie deren Gewichtung ein gewisses Maß an Erfahrung benötigen.[72] Aufgrund der einfachen Handhabung sowie der einfachen Struktur ist die Nutzwertanalyse ein fester Bestandteil der praxisorientierten Entscheidungsfindung.[73]

Im Folgenden soll ein differenzierter Überblick über den Aufbau und den Ablauf der Nutzwertanalyse gegeben werden. In Anlehnung an das Ablaufschema von Rinza und Schmitz (1992) wird in den folgenden fünf Abschnitten die Nutzwertanalyse detailliert beschrieben.[74]

---

[64] Vgl. Rommelfanger, H., Eickemeier, S. (2002), Seite 157
[65] Vgl. Geldermann, J. (2006), Seite 124
[66] Zangemeister, C. (1976), Seite 45
[67] Vgl. Eisenführ, F., Weber, M. (2003), Seite 62
[68] Vgl. Götze, U. (2006), Seite 181
[69] Vgl. Reinberg, S., Bröthaler, J. (1997), Seite 7
[70] Vgl. Geldermann, J. (2006), Seite 124f.
[71] Vgl. Suchanek, A. (2010), Seite 1
[72] Vgl. Scharer, M. (2000), Seite 1
[73] Vgl. Schneider, K.-H. (2004), Seite 218
[74] Vgl. Rinza, P., Schmitz, H. (1992), Seite 21

Ablaufschema der Nutzwertanalyse:

1. Hierarchische Gliederung und Aufstellung der Bewertungsziele
2. Gewichtung der einzelnen Ziele
3. Aufstellen einer Wertetabelle oder einer Wertefunktion
4. Berechnung und Bewertung der Alternativen
5. Nutzwertberechnung und Beurteilung der Ergebnisse

Im ersten Schritt der hierarchischen Gliederung und Aufstellung der Bewertungsziele gilt es zunächst gewisse Prämissen der Zielkriterien zu formulieren. Zunächst wird nach Belton und Stewart (2003) das Kriterium der Relevanz eingeführt. Hierbei handelt es sich um den Aspekt, dass die aufgeführten Kriterien mit dem eigentlichen Ziel des Entscheidungsproblems verknüpft sein müssen.[75] Als eine weitere Voraussetzung der Nutzwertanalyse gilt, dass jedes Bewertungskriterium operational - nominal, ordinal oder kardinal- formuliert sein muss und somit auch quantifizierbar und visualisierbar ist.[76] Desweiteren wird eine klare und unmissverständliche Formulierung der Zielkriterien als Bedingung postuliert. Weiterhin wird auf die Vermeidung von Korrelation der einzelnen Kriterien abgestellt. Das bedeutet, dass kausale Abhängigkeiten zwischen den einzelnen Kriterien vermieden werden sollen.[77] Auch Götze (2006) führt die Prämisse an, indem er anführt, dass die Redundanz von Zielkriterien vermindert werden sollte, um somit die Nutzenunabhängigkeit der Zielkriterien zu wahren.[78] Die Forderung nach Einhaltung der Nutzenunabhängigkeit wird von Zangemeister (1976) als eine „irrationale Hypothese" bezeichnet, da bei komplexeren Entscheidungssituationen eine bedingte Nutzenunabhängigkeit innerhalb der Intensitätsbereiche der definierten Ziele genügt. Im Rahmen der praktischen Anwendung ist eine vollständige Nutzenunabhängigkeit somit nicht zu erwarten. Daher genügt es, eine bedingte Nutzunabhängikeit zu unterstellen.[79] Bezüglich des Umfangs und der Komplexität der Kriterien ist zu beachten, dass es sowohl auf Vollständigkeit als auch auf Prägnanz ankommt. Es bedarf somit einer Abwägung zwischen diesen beiden Vorgaben.[80] Gemäß dem Ablaufschema werden im ersten Schritt mit Hilfe der oben angeführten Prämissen Zielbäume konstruiert (siehe Abbildung 3.2). Bei der Entwicklung dieser Zielhierarchien wird nun das übergeordnete Ziel der Entscheidungsalternative in Unterziele und Attribute aufgeschlüsselt. Mit Hilfe von vertikaler und horizontaler Differenzierung lässt sich eine klare und nachvollziehbare Ordnung der Zielkriterien entwickeln. Unter der vertikalen Zielstrukturierungsordnung ist die hierarchische Zweck-Mittel-

---

[75] Vgl. Belton, V., Stewart T. J. (2003), Seite 40ff.
[76] Vgl. Götze, U. (2006), Seite 181
[77] Vgl. Geldermann, J. (2008), Seite 5f.
[78] Vgl. Götze, U. (2006), Seite 181
[79] Vgl. Zangemeister, C. (1976), Seite 78f.
[80] Vgl. Geldermann, J. (2008), Seite 5f.

Mehrzielentscheidungsverfahren (MCDM)

Beziehung zwischen den Ober- und Unterzielen zu verstehen.[81] Bedingt durch die Richtung der Aufteilung können hier zwei verschiedene vertikale Zielstrukturierungen angeführt werden. Zum einen die deduktive/top-down Vorgehensweise, bei der das vorhandene Oberziel vertikal in Unterziele aufgespalten wird. Zum Anderen die induktive/bottom-up Verfahrensweise, bei der die Zielattribute zu einem Oberziel aggregiert werden.[82] Die horizontale Ordnung der Zielkriterien greift hierbei wieder die Prämisse der Relevanz der Unterziele auf. Durch die Mittel-Zweckbeziehung lassen sich die Unterziele zu dem jeweiligen Oberziel aggregieren (siehe Abbildung 3.2).[83]

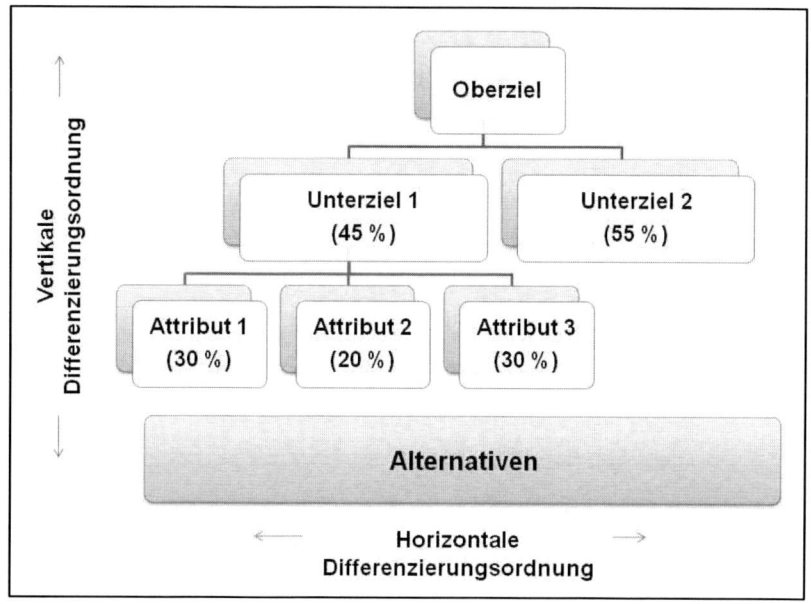

Abbildung 3.2: Zielhierarchie der Nutzwertanalyse[84]

Der zweite Schritt im Ablaufschema der Nutzwertanalyse behandelt die Gewichtung der einzelnen Unterziele und Attribute (w^k). Die subjektive Gewichtung der einzelnen Kriterien hat eine große Bedeutung bei der Nutzenbewertung eines Entscheidungsproblems. Zur Gewichtung der Kriterien kommen direkte oder indirekte Intervallskalierungen zu Einsatz. Bei der direkten Skalierung werden anhand einer Intervallskala den Kriterien Werte zugeordnet, die die Präferenzunterschiede zwischen den Zielkriterien widerspiegeln sollen. Hingegen werden bei der indirekten Skalierung die Zielkriterien hinsichtlich ihrer subjektiven Wichtigkeit geordnet. Sowie konstante Präferenzunterschiede in der Ordnung bestehen, erfolgt die Gewichtung anhand der Rangziffern.[85] Die beiden Skalierungsmodelle weise jedoch eine Gemeinsamkeit im Bezug auf die Intervallskalierung auf. Es wird bei beiden Methoden von

---

[81] Vgl. Berthel, J.(1973), Seite S. 35
[82] Vgl. Geldermann, J. (2008), Seite 7, supply-markets.com (2010), Seite 2
[83] supply-markets.com (2010), Seite 2
[84] Eigene Darstellung
[85] Vgl. Zangemeister, C. (1976), Seite 163 – 172

einer Normierung der Gewichte ausgegangen, die sich für eine Alternative zum Wert 1 addieren lassen.[86] Die Gewichtung ist daher von großer Bedeutung, da sonst jedes Ziel dieselbe Bedeutung hätte.

Nach der Bestimmung der Gewichte werden anschließend im dritten Schritt, den jeweiligen Kriterien mit Hilfe von Wertfunktionen Erfüllungsgrade (v^k) zugeordnet. Die hierbei eingesetzten Wertfunktionen repräsentieren die mathematische Präferenz der Entscheidungsträger (siehe Gleichung 5).

v^k — Erfüllungsgrad bezüglich Attribut k
$v^k(z_{ti}^k) \in [0,1]$ — Erfüllungsgrad bezüglich Attribut k und Zielausprägung z_{ti}^k

(Gleichung 5)

Für die Zielausprägung z_{ti}^k der verschiedenen Attribute k werden normierte Erfüllungsgrade v^k errechnet.[87] Die Erfüllungsgrade werden mittels Wertefunktionen oder Wertetabellen erstellt. Durch den Einsatz von Transformationskurven wird der subjektive Standardisierungsprozess der Erfüllungsgrade nachvollziehbarer gestaltet. Es ergeben sich hierbei drei zu unterscheidende Typen von Transformationskurven. Bei der diskreten Transformation werden spezifischen Zielerreichungsklassen differenzierte Erfüllungsgrade zugeordnet. Hierbei wird auf ordinal skalierte Daten zurückgegriffen. Bei der stückweise-konstanten Transformation hingegen wird allen Werten eines bestimmten Zielerreichungsintervalls ein spezifischer Erfüllungsgrad zugeordnet. Als Grundlage der Transformation dienen hierbei kardinale Messdaten. Auch die stetige Transformationsfunktion bedient sich kardinaler Messdaten, jedoch führen hierbei Differenzen in den Zielerreichungswerten maßgeblich auch zu verschiedenen Erfüllungsgraden.[88]

Der entscheidende vierte Schritt der Nutzwertanalyse ist die Aggregation der Kriteriengewichte und der Erfüllungsgrade zum Nutzwert $v(z_i)$ einer Alternative. Hierfür werden die bereits ermittelten Erfüllungsgrade $v^k(z_{ti}^k)$ im additiven Modell mit den Kriteriengewichten w^k verknüpft (siehe Gleichung 6).

---

[86] Vgl. Götze, U. (2006), Seite 182
[87] Vgl. Geldermann, J. (2008), Seite 8
[88] Vgl. Götze, U. (2006), Seite 183

Mehrzielentscheidungsverfahren (MCDM)

$$v(z_i) = \sum_{k=1}^{K} w^k \times v^k(z_i^k)$$

Gewichtete Summe der Werte aller Zielausprägungen einer Alternative a

$$\sum_{k=1}^{K} w^k = 1$$

Summe aller Gewichte ergibt

(Gleichung 6)

Diese so genannte additive Verknüpfungsart gilt als wesentlich genauer als die multiplikative Variante.[89] An dieser Stelle sein noch einmal, hinsichtlich der Gültigkeit des additiven Modells auf die Prämisse der Präferenzunabhängigkeit verwiesen.[90]

Die Beurteilung der Vorteilhaftigkeit erfolgt nun im letzten Ablaufschritt. Für jede Alternative existiert somit ein ausschlaggebender Nutzwert $v(z_i)$. Eine Alternative ist als relativ vorteilhaft zu bezeichnen, „wenn sein Nutzwert größer ist als der eines jeden anderen zur Wahl stehenden Objektes."[91] Es ist somit möglich, anhand der aggregierten Nutzwerte eine klare Präferenzordung der Alternativen zu erstellen.

Abschließend ist zu sagen, dass die Nutzwertanalyse ein Verfahren darstellt, das mit geringem Rechenaufwand durchgeführt werden kann, jedoch auch kritisch beleuchtet werden muss.[92] Als ein Kritikpunkt ist anzumerken, dass die Redundanzprämisse bei der Hierarchiebildung besonders bei Gruppenentscheidungen zum Disput führen kann. Es empfiehlt sich daher eine Abstimmung über die Präferenzen im Vorhinein.[93] Der Schwachpunkt der Nutzwertanalyse liegt in ihrer Subjektivität begründet. Jedoch können mit Hilfe der Sensitivitätsanalyse die subjektiven ermittelten und gewichteten Kriterien überprüft und letztendlich auch validiert werden.[94]

---

[89] Vgl. Rinza, P., Schmitz, H. (1992), Seite 37
[90] Vgl. Geldermann, J. (2008), Seite 9
[91] Götze, U. (2006), Seite 184
[92] Vgl. Rinza, P., Schmitz, H. (1992), S. 117
[93] Vgl. Fischer, B. (2004), Seite 153
[94] Vgl. Geldermann, J. (2008), Seite 9

3.2.3 Vergleich des AHP mit der NWA

Es ist vergleichend zu konstatieren, dass mit Hilfe des AHP Entscheidungsprobleme hierarchisch transparenter strukturiert werden können. Dieser theoretische Vorteil ist jedoch nur bedingt mit der Praxis vereinbar. Durch das dritte Axiom ist es nur bedingt möglich, Entscheidungssituationen realitätsgetreu abzubilden, da in der Realität nahezu immer Interdependenzen innerhalb der gleichen Ebene existieren.[95]

Mit zunehmenden Hierarchiestufen werden die Paarvergleichsmatrizen des AHP komplexer und die Matrixoperationen sowie die Berechnung der Eigenwerte der Matrizen mathematisch anspruchsvoller. Diese Komplexität kann durch den Einsatz der NWA umgangen werden, da es hier möglich ist, mehrere Alternativen transparent und mathematisch einfach zu konstruieren. Die einfache Struktur der NWA bietet einen weiteren positiven Aspekt im Vergleich zum AHP. Es ist bei der NWA außerdem möglich, Alternativen im Nachhinein hinzuzufügen.[96] Weitere Vorteile des Verfahrens sind auf den geringen Rechenaufwand, sowie auf die gute und einfache Visualisierung des Entscheidungsproblems zurückzuführen.[97] Auch durch eine gute Kosten-Nutzen-Relation erfreut sich die NWA in der Praxis großer Beliebtheit.[98] Ein weiterer Vorteil der multikriteriellen Verfahren der Mehrzielentscheidung ist der Output. Im Vergleich zu den Outrankingverfahren ergibt sich bei der NWA sowie dem AHP eine konkrete Rangfolge bzw. Rangordnung der Alternativen.[99] Sie eignen sich daher in besonderem Maße für die Integration der Fuzzy Set-Theorie. Die Einbettung der Unschärfetheorie wird aufgrund des hohen Praxisbezuges sowie der einfachen Struktur daher im Teil 5 anhand der NWA vorgenommen.

---

[95] Vgl. Riedel, R. (2006), Seite 115f.
[96] Vgl. Riedel, R. (2006), Seite 119f.
[97] Vgl. Bernroider, E., Mitlöhner, J. (2006), Seite 275; Vgl. Bleis, Christian (2006), Seite 73
[98] Vgl. Gurkasch, D. (2007), Seite 15
[99] Vgl. Geldermann, J. (2005), Seite 123

4. Theorie der Unscharfen Mengen

Bis dato wurde des öfteren das Wort „Fuzzy" oder die „Fuzzy-Logik" erwähnt. Der folgende Abschnitt fokussiert genau diesen Themenkomplex. Es werden zunächst theoretische Grundlagen der Unsicherheiten sowie der Unschärfe beschrieben. Nach einer detaillierten Darstellung der Fuzzy Set-Theorie werden Operations- und Visualisierungsmöglichkeiten der Theorie vorgestellt.

4.1 Unsicherheiten und Unschärfe

Eines der grundlegenden Fundamente der klassischen Entscheidungsmodelle ist die duale Logik. Die Definition der klassischen Mengenlehre ist auf ihren Gründer Georg Cantor zurückzuführen.[100] Hierbei kann für jedes Objekt eine klare Aussage getroffen werden, ob dieses Objekt a Teil der Menge A ist oder nicht (siehe Gleichung 7).[101]

$$a \in A \; oder \; a \notin A \qquad \text{(Gleichung 7)}$$

Diese klar abgegrenzte duale Logik spiegelt jedoch oft nicht die menschliche Denkweise wieder. Es sei angenommen, dass die kritische Grenze für die Temperatur in einem Wassertank bei 80°C liege. Es gibt demnach zwei Zugehörigkeitsmengen für die Temperatur. Zum einen gibt es die Menge „Kalt" ($< 80°C$), zum anderen die Menge „Heiß" ($\geq 80°C$). Die duale Logik ordnet nun einer gemessenen Wassertemperatur von 79,99°C eindeutig der Menge „Kalt" zu.[102] Aus Sicht der dualen Logik ist diese Zuordnung vollkommen zutreffend. Die menschliche Problemlösung beruht hingegen auf subjektiven Vorstellungen, Wünschen und Befürchtungen, sodass der menschliche Verstand den Zustand der gegebenen Temperatur als „Heiß" bezeichnen würde. Ein Lösungsansatz für das hier aufgezeigte Problem bietet die Unschärfe. Jene Unschärfe definiert sich demnach durch eine unklare Zugehörigkeit einer Relation oder eines Begriffes zu einer bestimmten Menge.[103] Gemäß der Definition sind jene Relationen und Begriffe als unscharf zu charakterisieren, deren zugehörige Objekte nicht exakt von der Menge der nicht zugehörigen Objekte zu trennen sind.[104] Im Folgenden soll versucht werden, den Begriff der Unschärfe greifbarer zu machen. Diesbezüglich hat Zim-

---

[100] Vgl. Tietze, J. (2005), Seite 1
[101] Vgl. Geldermann, J. (1999), Seite 123
[102] Vgl. Traeger, D. (1994), Seite 2f.
[103] Vgl. Kuhl, J. (1996), Seite 9
[104] Vgl. Rabetge, C. (1991), Seite 5

mermann (1993) die Unschärfe unter dem Begriff der Unsicherheit subsummiert (siehe Abbildung 4.1).[105]

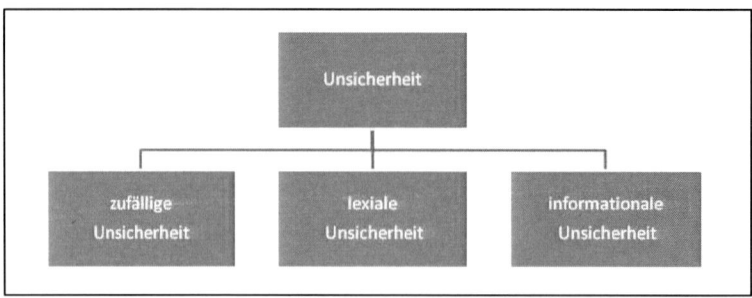

Abbildung 4.1: Arten von Unsicherheiten[106]

Zufällige Unsicherheit kategorisiert Zimmermann hierbei als stochastische Unsicherheit. Durch die Zuweisung von Wahrscheinlichkeiten ist eine unscharfe Modellierung von Ereignissen jedoch nicht möglich. Die lexiale Unsicherheit beschäftigt sich hingegen mit linguistischen Unschärfen. Der Grund der lexialen Unsicherheit liegt in der Unbestimmtheit und Unschärfe der Sprache begründet.[107] Der alltägliche Satz, „wenn es heute nicht allzu windig wird und einigermaßen trocken bleibt, werde ich wohl spazieren gehen"[108], ist relativ unscharf definiert. Der menschliche Verstand kann diese Verkettung von unscharfen Informationen im Gegensatz zu einem Computer kontextabhängig und subjektiv deuten. Die Unschärfe der dritten Unsicherheitsdifferenzierung resultiert aus der sprachlichen Begriffskomplexität. Um exakte Begriffe oder Ausdrücke definieren zu können, bedarf es komplexer sprachlicher Deskriptoren. Die Unschärfe liegt hierbei in der Vielzahl der vorhandenen Informationen begründet. Zum Beispiel ist an die Aussage über „Marktattraktivität" eine Vielzahl an Informationen gebunden. Der komplexe Begriff mit all seinen zugehörigen Facetten initiiert begriffliche Unschärfe.[109] Die steigende Komplexität der Begriffsdefinition geht daher mit dem Verlust der menschlichen Wahrnehmung des Begriffes einher. Die Diskrepanz zwischen der Komplexität der Begriffe, sowie der Aufnahmekapazität des Menschen beschreibt Zadeh als Inkompatibilitätsprinzip.[110] Folglich resultiert die Entstehung von Unschärfe meist aus dem Mangel an Informationen oder aus subjektiven Einschätzungen. Unschärfe wird nicht durch die subjektive Einschätzung einer Person impliziert, sondern durch die dem Begriff zugeordnete unscharfe Abgrenzung.[111] Im nachfolgenden Abschnitt soll nun die Unsicherheitstheorie, die sogenannte Fuzzy Set-Theorie näher erläutert werden.

---

[105] Vgl. Zimmermann, H.-J. (1993), Seite 3ff.
[106] Kuhl, J. (1996), Seite 10
[107] Vgl. Kuhl, J. (1996), Seite 10
[108] Friedrich, A. (1997), Seite 161
[109] Vgl. Kuhl, J. (1996), Seite 10f.
[110] Vgl. Zadeh, L. (1973), Seite 1
[111] Vgl. Kuhl, J. (1996), Seite 11

4.2 Fuzzy Set-Theorie

Der Ansatzpunkt für die sogenannte Fuzzy Set-Theorie[112] war die von Canton geprägte scharfe Abgrenzung von Mengen zwischen Zugehörigkeit und Nichtzugehörigkeit. Diese Auffassung der scharfen Mengendefinition revolutionierte Lotfi Asker Zadeh mit seinem 1965 publizierten wissenschaftlichen Artikel. Die Grundannahme bestand in der Beobachtung, dass viele Objekte in der Realität nicht der präzisen und scharfen Zugehörigkeitsdefinition der klassischen Logik entsprechen.[113] Demzufolge ist es gar unmöglich eine einheitliche und scharfe Zugehörigkeit für den Ausdruck „ein dünner Mensch" zu definieren.[114] Die Leistung von Zadeh bestand darin, linguistische Elemente nicht mehr gemäß der binären Logik abrupte Zugehörigkeitswerte $\{0,1\}$ zuzuordnen. Stattdessen ordnete er das Element auf einem normierten Intervall $[0,1]$ an, um unscharfe Graduierungen mathematisch abbilden zu können.[115] Mit der Projektion auf einem stetigen Lösungsraum ist es somit möglich, unscharfen Werten und Begriffen graduelle Zugehörigkeiten beizumessen. Durch die sogenannte Aufweichung der Zugehörigkeitsgrenzen ist es möglich, begriffliche Unschärfe mathematisch scharf zu erfassen.[116] Die ermittelten Zugehörigkeitsgrade sind hierbei jedoch von dem zufälligen Eintreten von Zugehörigkeiten im stochastischen Sinne abzugrenzen.[117] Zadeh definierte eine unscharfe Menge (Fuzzy Set) durch ihre Zugehörigkeitsfunktion μ_a bzgl. der Grundmenge X über das normierte Einheitsintervall (siehe Gleichung 8).

$$X = \{(x, \mu_a(x)) | x \in X\} \; mit \; \mu_a : X \rightarrow [0,1] \qquad \text{(Gleichung 8)}$$

Die mathematische Erfassung der Unschärfe soll nun an Hand einen Beispiels kurz charakterisiert werden. In der Mathematik würde die Aussage „viel größer als 10" klassischer Weise eine Zahl ergeben, die um mindestens eine Zehnerpotenz erhöht ist (siehe Abbildung 4.2). Durch die graduelle Zugehörigkeitsfunktion kann bei einem Wert von 99.99 das Fuzzymodell jedoch das menschliche Empfinden erheblich besser imitieren (siehe Abbildung 4.3).[118]

---

[112] Das Word „fuzzy" lässt sich hierbei übersetzen als: unscharf, verschwommen, flauschig, undeutlich, faserig oder kraus
[113] Vgl. Zadeh, L.A. (1965), Seite 338f.
[114] Vgl. Biewer, B. (1998), Seite 54f.
[115] Vgl. Kacprzyk, J. (1997), Seite 20ff.
[116] Vgl. Schulz, G. (2002), Seite 319ff.
[117] Vgl. Zimmermann, H.-J. (1983), Seite 201f.; Traeger, D. H. (1994), Seite 25; Iwe, H. (2000), Seite 5
[118] Vgl. Schulz, G. (2002), Seite 320f.

Theorie der Unscharfen Mengen

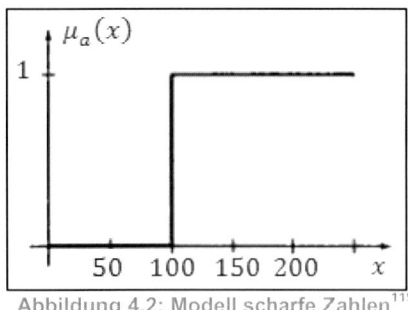
Abbildung 4.2: Modell scharfe Zahlen[119]

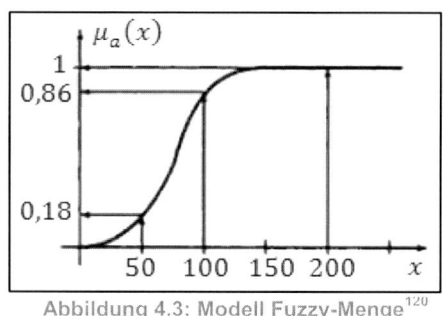
Abbildung 4.3: Modell Fuzzy-Menge[120]

Resümierend ist festzuhalten, dass die Fuzzy Set-Theorie keine unscharfe Theorie, sondern vielmehr eine mathematische Theorie der Unschärfe ist, um artikuliertes Wissen verwendbar zu machen.[121] Ihr Hauptziel besteht letztlich in der Erzeugung von Isomorphie zwischen einen Entscheidungsmodell und der Realität.[122] Eine konkrete Anwendung der Fuzzy Set-Theorie in einem Entscheidungsmodell wird in Kapitel 5 vorgenommen. In den nachfolgenden Abschnitten sollen zunächst weitere Aspekte der Fuzzy Set-Theorie beleuchtet werden.

4.2.1 Zugehörigkeitsfunktionen

Die in Abschnitt 4.2 bereits erwähnten Zugehörigkeitsfunktionen sollen im nun folgenden Abschnitt detailliert untersucht und visualisiert werden. In der Literatur gibt es eine Vielzahl von Zugehörigkeitsfunktionen. Es ist demnach sinnvoll, dass die Zugehörigkeitsfunktionen für verschiedene Entscheidungsprobleme jeweils individuell angepasst werden.[123] Aufgrund der Variantenvielfalt existieren diesbezüglich kritische Vorwürfe, die dem Entscheider Willkür und Subjektivität unterstellen.[124] Die unterstellte Willkür ist hierbei jedoch eher als Plausibilitätsentscheidungen von Experten aufzufassen, da die Form einen erheblichen Einfluss auf das Endergebnis hat.[125] Die Diskussion liegt in der Tatsache begründet, dass die Definition der Fuzzy-Menge keinerlei Information über deren Verlauf oder Darstellungsform beinhaltet.[126]

Die Modellierung der Unschärfe gliedert sich zunächst in zwei Klassen. Mit Hilfe von Kennlinien ist es möglich, den funktionalen Zusammenhang zwischen dem Zugehörigkeitsgrad und dem Definitionsbereich aussagekräftig zu visualisieren (siehe Abbildung 4.4). Dem ist hinzuzufügen, dass auch bei diskreten Funktionen kontinuierliche Kurvenverläufe entstehen, bei

---

[119] Schulz, G. (2002), Seite 320
[120] Schulz, G. (2002), Seite 321
[121] Vgl. Biewer, B. (1998), Seite 57
[122] Vgl. Kuhl, J. (1996), Seite 12
[123] Vgl. Reinberg, S., Bröthaler, J. (1997), Seite 2
[124] Vgl. Biewer, B. (1998), Seite 60
[125] Vgl. Zilker, M. (2002), Seite 117
[126] Vgl. Biewer, B. (1998), Seite 57

Theorie der Unscharfen Mengen

denen die Zwischenwerte nicht definiert werden. Alternativ besteht die Möglichkeit, die Zugehörigkeit mit Hilfe von skalierten Blöcken zu illustrieren. Diese Art der Visualisierung ist jedoch nur für kleine Definitionsbereiche sinnvoll (siehe Abbildung 4.5).[127]

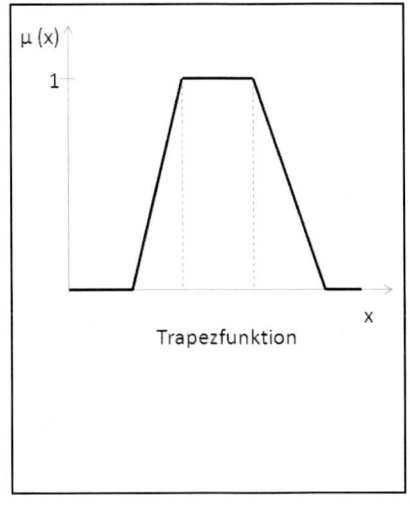

Abbildung 4.4: Kennlinie[128]

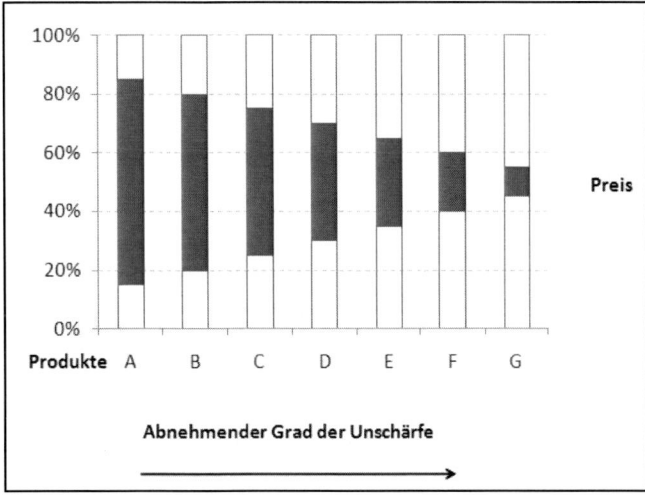

Abbildung 4.5: Skalierter Block[129]

Zunächst werden nun die gängigsten Kurvenverläufe explizit charakterisiert, bevor die sogenannten LR-Referenzfunktionen und die $\varepsilon\lambda$-Zugehörigkeitsnotation dargestellt werden.

Im Folgenden sollen nun die praxisrelevanten Zugehörigkeitsfunktionen charakterisiert werden. Die Schaar der Zugehörigkeitsfunktionen wird durch ihre lineare bzw. nicht lineare Zugehörigkeit bestimmt. Hierbei existieren zum einen die linearen Zugehörigkeitsfunktionen vom Typ Triangel und Trapez, die nicht linearen Funktionen vom Typ S/Z, sowie die π-Funktion.[130]

Bedingt durch ihre simple Struktur ist die sogenannte Triangelfunktion speziell in der Fuzzy-Regelungstechnik eine gefragte Darstellungsweise der Unschärfe. Definiert durch ihre vier Tupel (x, m, α, β) lassen sich stückweise stetige monoton fallende bzw. steigende Zugehörigkeitsfunktionen konstruieren (siehe Abbildung 4.10/ Gleichung 13).[131] Mit geringen Veränderungen präsentiert sich die Trapezfunktion, die durch die Tupel $(x, m_1, m_2, \alpha, \beta)$ beschrieben werden kann. Im Gegensatz zur Triangelfunktion, gibt es hierbei ein Intervall $[m_1, m_2]$, deren Zugehörigkeitswert dem Wert $\mu = 1$ entspricht (siehe Abbildung 4.11/ Gleichung 14).[132] Für

---

[127] Vgl. Kuhl, J. (1996), Seite 15f.
[128] Kuhl, J. (1996), Seite 16
[129] Kuhl, J. (1996), Seite 16
[130] Vgl. Kuhl, J. (1996), Seite 17ff.
[131] Vgl. Biewer, B. (1998), Seite 59
[132] Vgl. Kuhl, J. (1996), Seite 17ff.

verschiedene Entscheidungsprobleme genügt die Modellierung der linearen Funktionen jedoch nicht. Bedingt durch ihre sanften Übergänge, entsprechen die nicht linearen Zugehörigkeitsfunktionen in kritischen Randbereichen oft besser der menschlichen intuitiven Einschätzung.[133]

Als erster Vertreter der nicht linearen Funktionen ist die sogenannte S-Funktion anzuführen. Die Kennlinie dieser Funktion ist determiniert durch ihre Tupel (x, a, δ) (siehe Abbildung 4.8/ Gleichung 10). Der Modellierung der Unschärfe mit Hilfe einer S-Funktion bedarf es, wenn die Verstärkung einer Eigenschaft mit der Zunahme der Zugehörigkeit einher geht. Dies ist z.B. bei der Modellierung von linguistischer Unschärfe der Begriffe „groß" oder „viel" von Bedeutung. Ihr Pendant, die Z-Funktion, eignet sich für die Modellierung von abnehmender Zugehörigkeit. Daher ist sie für die Visualisierung der unscharfen Begriffe „wenig" oder „klein" ein geeignetes Instrumentarium. Die Z-Funktion lässt sich aus der S-Funktion geometrisch sehr einfach durch eine Spiegelung an der Funktion $x = a$, herleiten (siehe Gleichung 11).[134] Als dritte und letzte stetige Funktion präsentiert sich die π-Funktion. Auch sie findet Anwendung bei der Modellierung linguistischer Unschärfe. Somit könnten folglich Zugehörigkeitsgrade nahe einem bestimmten Wert visualisiert werden. Als klassisches Beispiel ist hier die Unschärfemodellierung einer Zahl „nahe oder um 3" zu nennen (siehe Abbildung 4.9/ Gleichung 12).[135]

Eine sehr effiziente und simple Darstellungsweise entwickelten Dubois und Prade (1980), die sogenannte LR-Schreibweise.[136] Hierbei werden stückweise lineare Funktionen mittels weniger festgelegter Parameter verknüpft.[137] Unter Anwendung der standardisierten LR-Schreibweise ist es indes möglich, die Fuzzy-Intervalle wesentlich zu vereinfachen, um somit vielfältige Gestaltungsspielräume zu schaffen. Ziel hierbei ist es, die Zugehörigkeitsfunktion durch Aufteilung in zwei Teiläste für weiterführende arithmetische Operationen zu optimieren.[138] Ein Fuzzy-Intervall vom Typ LR wird durch seine vier Parameter m_1, m_2, α, β gemäß der Gleichung 9 beschrieben:

$$\mu_A(x) = \begin{cases} L\left(\frac{m_1-x}{\alpha}\right) & ; falls\ x \leq m_1 \\ 1 & ; falls\ x \in [m_1, m_2] \\ R\left(\frac{x-m_2}{\beta}\right) & ; falls\ x \geq m_2 \end{cases} \qquad \text{(Gleichung 9)}$$

Biewer (1998) definiert diesbezüglich: „LR-Intervalle bieten über die Definition eines Paares sogenannter Referenzfunktionen eine parametrische Repräsentation unscharfer Intervalle,

---
[133] Vgl. Biewer, B. (1998), Seite 59
[134] Vgl. Mayer, A., et al. (1993), Seite 21, Kuhl, J. (1996), Seite 18
[135] Vgl. Mayer, A., et al. (1993), Seite 21f.
[136] Vgl. Dubois, D., Prade, H. (1980), Seite 53f.
[137] Vgl. Rommelfanger, H. (1994), Seite 10
[138] Vgl. Bennert, R. (2004), Seite 54; Trapp, M. (2002), Seite 14

die vielfache Gestaltungsoptionen für die Festlegung der Verlaufs der Zugehörigkeitsfunktion bietet und zugleich sehr effizient verarbeitet werden kann."[139] Die Gestalt der LR-Funktion kann hierbei variieren, da die linke und rechte Referenzfunktion nicht spiegelsymmetrisch sein müssen (siehe Abbildung 4.6).[140]

Eine weitere vereinfachte Darstellungsform bietet die $\varepsilon\lambda$-Notation der Form $A := (\underline{x}^{\varepsilon}; \underline{x}^{\lambda}; \underline{x}^{1}; \overline{x}^{1}; \overline{x}^{\lambda}; \overline{x}^{\varepsilon})_{\varepsilon\lambda}$. Die Zugehörigkeitswerte werden hierbei sowohl auf dem 1-Niveau, auf dem ε-Niveau $[0 \leq \varepsilon \leq \lambda]$ als auch auf dem λ-Niveau $[\varepsilon \leq \lambda \leq 1]$ angegeben (siehe Abbildung 4.7).[141] Auch bei dieser Notation liegt der Vorteil in der leichten arithmetischen Handhabung begründet.[142]

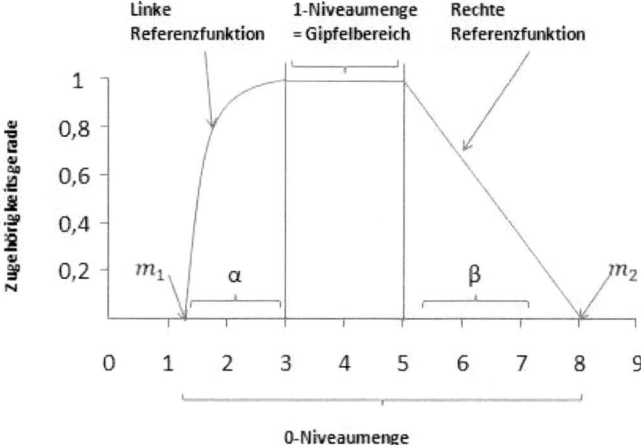

Abbildung 4.6: LR-Zugehörigkeitsfunktion[143]

---

[139] Biewer, B. (1998), Seite 135
[140] Vgl. Mißler-Behr, M. (2001), Seite 51
[141] Vgl. Spengler, T., (2005), Seite 273
[142] Vgl. Rommelfanger, H. (2006), Seite 407
[143] In Anlehnung an Mißler-Behr, M. (2001), Seite 52

Theorie der Unscharfen Mengen

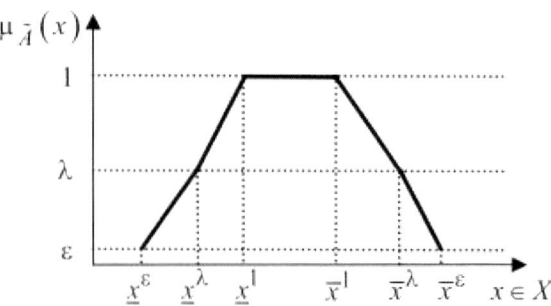

Abbildung 4.7: ελ-Zugehörigkeitsfunktion[144]

Resümierend ist festzustellen, dass die aufgezählten Standardfunktionen den Koordinationsaufwand durch die Verwendung von wenigen Parametern wesentlich vereinfachen. Der zweite Vorteil kommt erst im folgenden Abschnitt zum Tragen. Durch die Standardisierung ist es möglich, die Funktionen durch Verrechnungsvorschriften und Operatoren effizient und einfach zu verknüpfen.[145]

---

[144] Spengler, T. (2005), Seite 273
[145] Vgl. Biewer, B. (1998), Seite 61

Theorie der Unscharfen Mengen

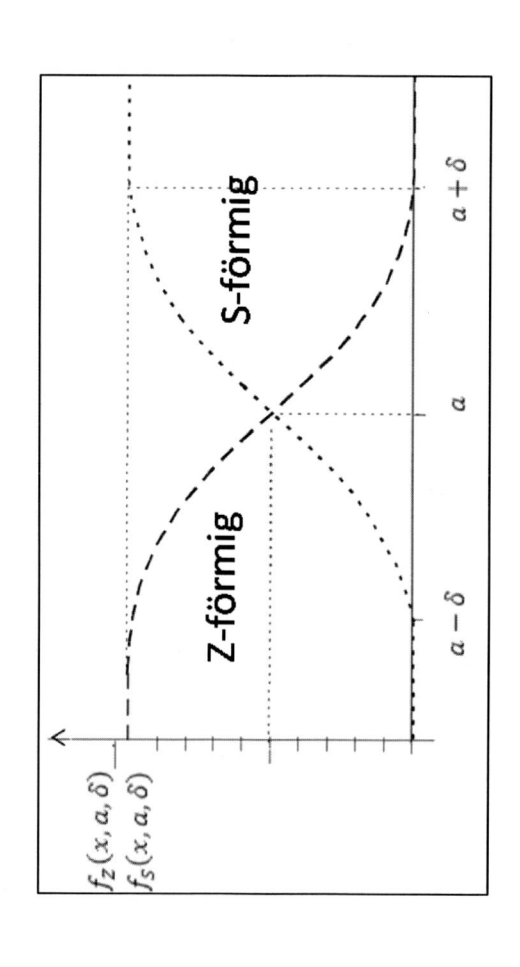

Abbildung 4.8: Z- und S-förmige Zugehörigkeitskurven[146]

Abbildung 4.9: π-Zugehörigkeitsfunktion[147]

$$f_S(x, a, \delta) = \begin{cases} 0 & ; x \leq (a-\delta) \\ 2\left(\frac{x-(a+\delta)}{2\delta}\right)^2 & ;(a-\delta) < x \leq a \\ 1 - 2\left(\frac{a-x+\delta}{2\delta}\right)^2 & ; a < x < (a+\delta) \\ 1 & ; x \geq (a+\delta) \end{cases} \quad \text{(Gleichung 10)}$$

$$f_Z(x, a, \delta) = 1 - f_S(x, a, \delta) \quad \text{(Gleichung 11)}$$

$$f_\pi(x, a, \delta) = \begin{cases} f_S\left(x, a - \frac{\delta}{2}, \frac{\delta}{2}\right) & ; x < a \\ f_Z\left(x, a + \frac{\delta}{2}, \frac{\delta}{2}\right) & ; x \geq a \end{cases} \quad \text{(Gleichung 12)}$$

---

[146] Reinberg, S., Bröthaler, J. (1997), Seite 2
[147] Mayer, A., et al. (1993), Seite 21

Theorie der Unscharfen Mengen

Abbildung 4.10: Trianglefunktion[148]

$$f_{triangle}(x, m, \alpha, \beta) = \begin{cases} 0 & ; (x \leq m - \alpha), (x \geq m + \beta) \\ \frac{x-(m-\alpha)}{\alpha} & ; (m - \alpha) < x < m \\ 1 - \frac{x-m}{\beta} & ; m < x < (m + \beta) \end{cases}$$

(Gleichung 13)

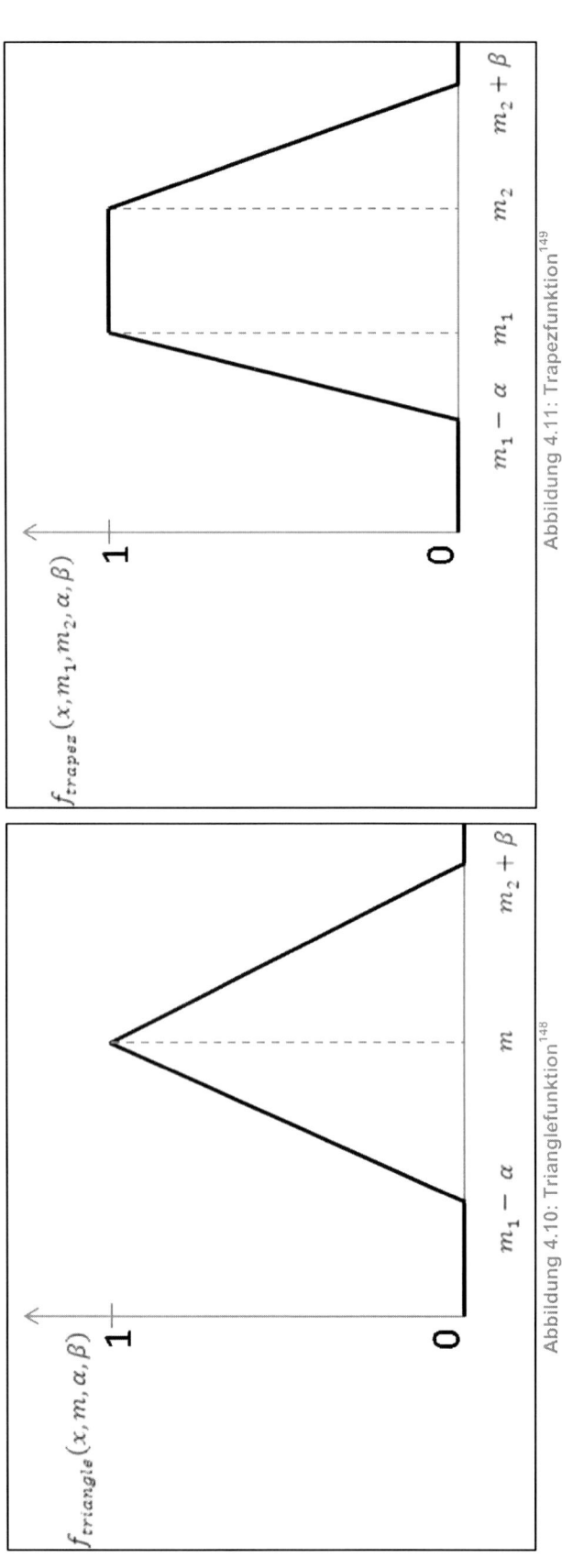

Abbildung 4.11: Trapezfunktion[149]

$$f_{trapez}(x, m_1, m_2, \alpha, \beta) = \begin{cases} 0 & ; (x \leq m_1 - \alpha), (x \geq m_2 + \beta) \\ \frac{x-(m_1-\alpha)}{\alpha} & ; (m_1 - \alpha) < x < m_1 \\ 1 & ; m_1 \leq x \leq m_2 \\ 1 - \frac{x-m}{\beta} & ; m_2 < x < (m_2 + \beta) \end{cases}$$

(Gleichung 14)

---

[148] Biewer, B. (1998), Seite 58f.
[149] Biewer, B. (1998), Seite 58f.

4.2.2 Operatoren

In diesem Abschnitt sollen im Hinblick auf die Fuzzy-Nutzwertanalyse weitere theoretische Grundsteine gelegt werden. Um mit den konstruierten Fuzzy-Mengen weiter arbeiten zu können, bedarf es eines Regelwerkes. Durch die Implementierung von Regeln/Operatoren ist es möglich, Beziehungen und Verknüpfungen zwischen den Fuzzy-Mengen herzustellen.[150] Als Ausgangspunkt dienen hierfür die Mengenoperationen der klassischen dualen Logik. Um jedoch unscharfe Mengen mit Hilfe der binären Logik verknüpfen zu können, müssen die Konnektoren „und", „oder" und „nicht" als Funktionsintervalle [0,1] aufgefasst werden (siehe Tabelle 4.1, sowie Abbildung 4.12 und 4.13).[151]

Tabelle 4.1: Mengenoperationen[152]

Mengentheorie	Mathematische Beschreibung	Klassische Logik	Fuzzy-Logik
Durchschnitt (und)	Minimum	$x \in A \cap B$	$\mu_C(x) = \min(\mu_A(x), \mu_B(x))$
Vereinigung (oder)	Maximum	$x \in A \cup B$	$\mu_C(x) = \max(\mu_A(x), \mu_B(x))$
Komplement (nicht)	$1 - \mu_A$	$x \in \bar{A}$	$\mu_{\bar{A}}(x) = 1 - \mu_A$

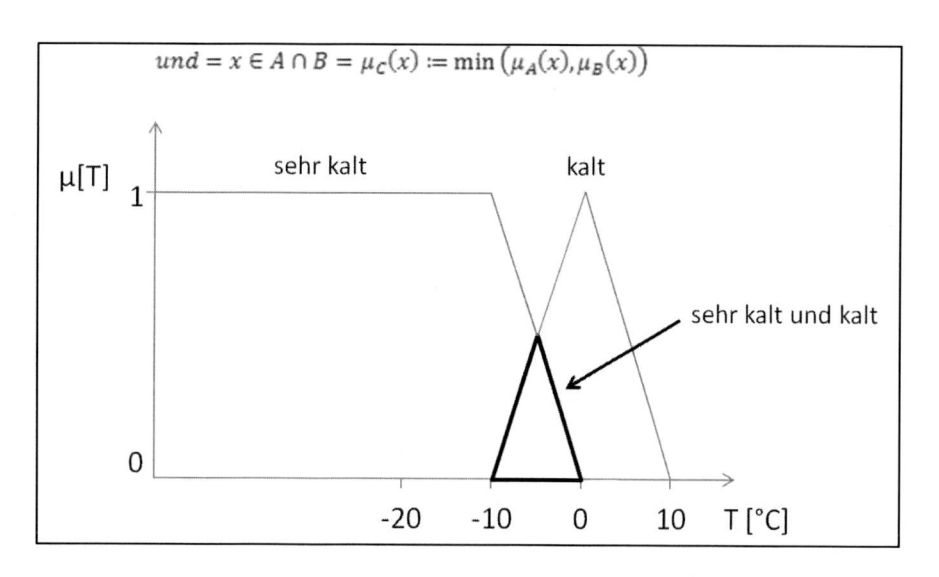

Abbildung 4.12: Druchschnittsoperator "und"[153]

---

[150] Vgl. Iwe, H. (2000), Seite 11
[151] Vgl. Mayer, A., et al. (1993), Seite 33
[152] Eigene Darstellung, in Anlehnung an Iwe, H. (2000), Seite 11
[153] Eigene Darstellung, in Anlehnung an Rutkowski, Leszek (2004), Seite 19

Theorie der Unscharfen Mengen

$$oder = x \in A \cup B = \mu_C(x) := \max\bigl(\mu_A(x), \mu_B(x)\bigr)$$

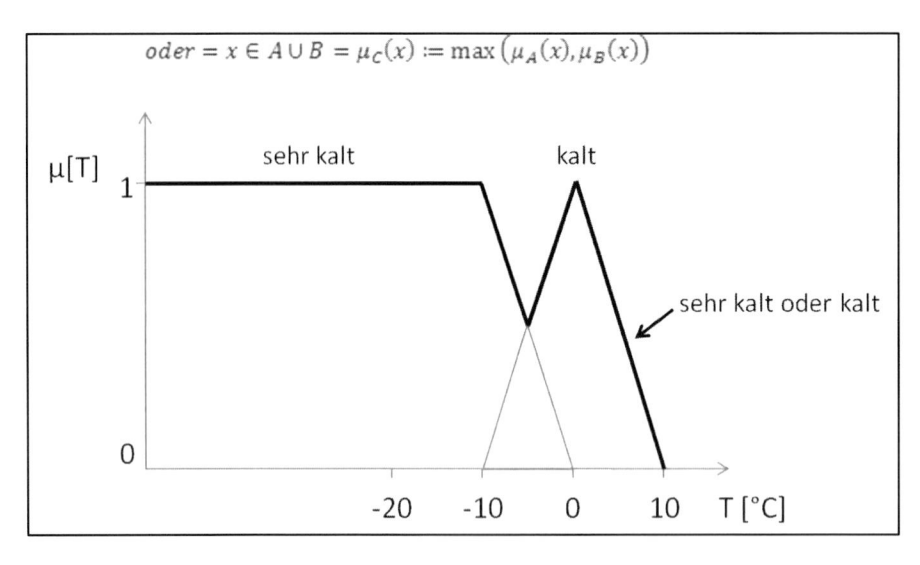

Abbildung 4.13: Vereinigungsoperator "oder"[154]

Hierbei ist festzuhalten, dass die Verknüpfung von zwei unscharfen Mengen mittels der Fuzzy-Operatoren wiederum eine unscharfe Menge ergeben.[155] Bezüglich der praktischen Relevanz ist festzustellen, dass der angeführte Maximum-Operator als zu optimistisch und der Minimum-Operator als zu pessimistisch gilt.[156] Die Rechenoperation für der Max-/Min-Operator halten sich bei den gegebenen Fuzzyzahlen in einem überschaubaren Rahmen. Hinsichtlich der Fuzzy-Integration in die Nutzwertanalyse bedarf es jedoch der Anwendung der wesentlich aufwendigeren Addition und Multiplikation. Daher werden diese Operationen speziell nur für die L-R-Fuzzynotation betrachtet. Mißler-Behr (2001) definiert diese Operatoren folgendermaßen (siehe Gleichung 15 und 16).[157]

$$(m_1, m_2, \alpha, \beta)_{LR} \oplus (m_3, m_4, \gamma, \delta)_{LR} = (m_1 + m_3, m_2 + m_4, \alpha + \gamma, \beta + \delta)_{LR}$$

(Gleichung 15)

$$(m_1, m_2, \alpha, \beta)_{LR} \odot (m_3, m_4, \gamma, \delta)_{LR} = (m_1 m_3, m_2 m_4, m_1 \gamma + m_3 \alpha, m_2 \delta + m_4 \beta)_{LR}$$

(Gleichung 16)

Neben den aufgeführten klassischen Mengenoperationen existiert eine Vielzahl an Aggregationsmöglichkeiten. Die Mengenoperatoren sind hierbei bezüglich ihrer Verknüpfungsart zu kategorisieren. Neben den t-Normen (Durchschnitt) und den t-Conormen (Vereinigung) existiert eine weitere Klassifizierungsmöglichkeit, die kompensatorischen Operatoren.[158] Unter den t-Normen sind alle Verknüpfungen zu subsummieren, die für die Durchschnittsbil-

---

[154] Eigene Darstellung, in Anlehnung an Rutkowski, Leszek (2004), Seite 19
[155] Vgl. Reinberg, S., Bröthaler, J. (1997), Seite 3
[156] Vgl. Roth, B. (1998), Seite 223
[157] Vgl. Mißler-Behr, M. (2001), Seite 57, Friedrich, A. (1997), Seite 274f.
[158] Vgl. Iwe, H. (2000), Seite 12

dung unscharfer Mengen eingesetzt werden. Ein typisches Beispiel wäre hierbei der Minimum-Operator. Sein Maximum-Pendant ist hingegen der allgemeinen Klasse der t-Conormen zuzuordnen, da es sich hierbei im Allgemeinen um eine Vereinigung von unscharfen Mengen handelt.[159] Der mathematische Zusammenhang zwischen t-Norm und t-Conorm wurde in einem Gleichungssystem von Schweizer und Sklar (1961) definiert. Somit kann jeder t-Norm eindeutig eine t-Conorm zugeordnet werden.[160] Die dritte Klasse, die kompensatorischen Operatoren sind, bedingt durch die menschliche Logik, hiervon abzugrenzen. Aufgrund von subjektiven Einschätzungen und Erkenntnissen verwenden wir die Begriffe „und" und „oder" sehr flexibel. Wir gewichten diese Begriffe situationsbedingt immer wieder neu und erzeugen somit eine gegenseitige Kompensation.[161] Unter der Kompensation ist hierbei die „gegenseitige Aufhebung der Wirkungen einander entgegengesetzter Ursachen"[162] zu verstehen. Hierbei kann ein starkes „und" zu einem gewissen Grad durch ein schwaches „oder" ausgeglichen werden. Als Beispiel für die Kompensation sind die Anforderungen an einen neuen Mitarbeiter anzuführen, der sich sowohl durch eine hohe Qualifikation, sowie geringe Gehaltsvorstellungen auszeichnet. Die beiden Ausprägungen werden sich bis zu einem gewissen Grade kompensieren.[163] Der Grad der Kompensation ist indes jedoch stark kontextabhängig.[164] Folglich wird die Aggregationskategorie, mit dem aus der Psycholinguistik stammenden Begriff, „linguistisches und" bezeichnet.[165] Das Ergebnis des „linguistischen und" liegt hierbei immer zwischen den Ergebnissen der t-Normen und t-Conormen.[166] Die Auswahl, welcher Operator der menschlichen Empfindung am ähnlichsten ist, bleibt jedoch fraglich und ist abhängig vom Entscheidungsmodell.[167]

---

[159] Vgl. Zimmermann, H.-J. (1991), Seite 30
[160] Vgl. Turksen, B. (1985), Seite 194
[161] Vgl. Iwe, H. (2000), Seite 13, Traeger, D. H. (1994), Seite 35
[162] Reinberg, S., Bröthaler, J. (1997), Seite 3
[163] Vgl. Nissen, V. (2007), Seite 12
[164] Vgl. Mayer, A., et al. (1993), Seite 41
[165] Vgl. Iwe, H. (2000), Seite 13
[166] Vgl. Mayer, A., et al. (1993), Seite 42
[167] Vgl. Reinberg, S., Bröthaler, J. (1997), Seite 4

5. Integration der Fuzzy Set-Theorie in die Nutzwertanalyse

In den vorgelagerten Kapiteln wurden die NWA als auch die Fuzzy Set-Theorie charakterisiert. Im folgenden Abschnitt soll nun die Integration der Fuzzy Set-Theorie in die NWA an Hand eines theoretischen Referenzrahmens sowie eins fiktiven Integrationsmodells verdeutlicht werden.

5.1 Theoretischer Referenzrahmen

Gemäß der Aufgabenstellung wird im Rahmen des Integrationsmodells die Fuzzy Set-Theorie in das Mehrzielentscheidungsproblem der NWA integriert. Der theoretische Referenzrahmen der in diesem Abschnitt entwickelt werden soll basiert auf dem vorgestellten Referenzrahmen der NWA in Abschnitt 3.2.2. Die Integration von Fuzzyelementen in die NWA erfolgt analog dem algorithmischen Ansatz. Hierunter wird in der Literatur der punktuelle Einsatz der Fuzzy Set-Theorie in das klassische Mehrzielentscheidungsproblem der NWA verstanden. Die Schwierigkeit hierbei besteht in der Transformation der Fuzzykomponenten in das Ablaufschema der NWA.[168] In Anlehnung an das Ablaufschema der NWA unterteilt sich der neue Referenzrahmen in sechs Unterpunkte.

1. Aufspaltung des Oberziels analog zur NWA
2. Gewichtung der Teilziele mittels Zugehörigkeitsfunktionen
3. Ermittlung der Erfüllungsgrade mittels Fuzzy Set-Theorie
4. Ermittlung der Teilnutzen
5. Aggregation der Teilnutzen zu Nutzwerten
6. Bewertung der Nutzwerte

Im ersten Schritt wird, wie bei der NWA, das Oberziel in Unterziele bzw. Kriterien aufgespalten. Der erste Integrationsansatz der Fuzzy Set-Theorie erfolgt im zweiten Schritt. Die Gewichtung der Teilziele wird im Folgenden einer Fuzzifizierung unterzogen. Hierunter ist die Transformation von linguistischen Variablen in kardinale Messgrößen zu verstehen.[169] Der ET kann im Rahmen der Fuzzyfizierung die Zielkriterien mittels vorgegebener linguistischer Variablen gewichten und so seine Präferenzvorstellungen definieren. Die vorgegebenen linguistischen Variablen werden jedoch vorab mit einer unscharfen prozentualen Gewichtung

---

[168] Vgl. Reinberg, S., Bröthaler, J. (1997), Seite 7
[169] Vgl. Mißler-Behr, M. (2001), Seite 67

verknüpft, um so gewichtende Zugehörigkeitsfunktionen zu erhalten. Diese gewichtenden Zugehörigkeitsfunktionen liegen hierbei in der LR-Fuzzynotation vor.

Im Anschluss hieran werden im dritten Schritt die Erfüllungsgrade für die jeweiligen Teilziele ermittelt. Auch in diesem Verfahrensschritt hält die Fuzzy Set-Theorie Einzug. Konform der in Schritt zwei beschriebenen Fuzzifizierung werden auch im dritten Punkt linguistische Variablen in mathematisch skalierbare Größen konvertiert und in LR-Intervallen dargestellt. Der ET muss hierbei den Teilzielen bestimmte Erfüllungsgrade zuordnen. Auch hier sind die Erfüllungsgrade in Form von linguistischen Variablen gegeben, die wiederum mit mathematisch quantifizierbaren Größen verknüpft sind.

Im vierten Schritt der Fuzzy-NWA werden, analog zum klassischen Verfahren, die Unterziele mit den Erfüllungsgraden verknüpft. Hierbei werden die LR-Fuzzy-Zugehörigkeitsfunktionen der Unterziele als auch die der Erfüllungsgrade mittels eines t-Conormen-Operator multipliziert. Resultat dessen sind die sogenannten Teilnutzen. An Hand dieser Teilnutzen lassen sich, unter Punkt fünf des Referenzrahmens, anschließend die Teilnutzen einer Alternative zum Nutzwert summieren. Der entstandene Nutzwert repräsentiert die Präferenz des ET und lässt im sechsten und letzten Schritt Vergleiche mit den Nutzwerten der übrigen Alternativen zu. Das Vergleichskriterium ist hierbei die ε-Präferenz, die sich für gleiche LR-Typen leicht berechnen lässt.[170] Mit Hilfe dieser Präferenz werden die unscharfen Nutzenintervalle der Alternativen wieder defuzzyfiziert. Der Prozess der Defuzzyfizierung beschreibt hierbei die Transformation der unscharfen Zugehörigkeitsfunktionen hin zu einer scharfen und eindeutigen Präferenzordnung.[171]

Mittels der Unschärfetheorie ist die NWA somit in der Lage, unscharfe kommunizierte Präferenzen des ET zu operationalisieren. Die adäquate Einbindung der Unschärfe entspricht im hohen Maße der menschlichen Logik und ist somit ein wesentlicher Indikator für die Glaubwürdigkeit des Mehrzielentscheidungsverfahrens. Das klassische Mehrzielentscheidungsverfahren -NWA- erhält durch die Integration der Fuzzy Set-Theorie einen größeren Anwendungsbereich. Folglich besteht die Möglichkeit, Entscheidungssachverhalte realitätsgetreu abbilden zu können. Die Fuzzy-NWA erfreut sich daher immer größer werdender Beliebtheit.[172] Es sei jedoch hinzuzufügen, dass neben den positiven Aspekten auch Kritik angebracht ist. Auch dieser Referenzrahmen ist zu einem gewissen Maße von subjektiven Entscheidungen determiniert. Sowohl im zweiten als auch im dritten Schritt bedarf es im Vorfeld einer subjektiven Verknüpfung von Faktoren. Der Rahmen ist somit nicht frei von Willkür und Manipulation. Dieser Umstand ist als mögliche Schwachstelle des Verfahrens zu charakteri-

---

[170] Vgl. Rommelfanger, H. (1994), Seite 76f.
[171] Vgl. Mißler-Behr, M. (2001), Seite 68
[172] Vgl. Rommelfanger, H. (2006), Seite 421f.

sieren. Es kann folglich ein sehr positives Resümee der Fuzzy-NWA gezogen werden. In Abschnitt 5.2 soll der vorgestellte Referenzrahmen der Fuzzy-NWA an Hand eines fiktiven Beispiels erläutert werden.

5.2 Fiktives Integrationsbeispiel der Fuzzy Set-Theorie

Der in Abschnitt 5.1 definierte Referenzrahmen soll im Nachgang nun an Hand eines Beispiels konkretisiert werden. Die hierbei verwendeten Präferenzen sind frei gewählt und dienen lediglich der Simulation. Unter dem Oberziel „Neues Auto" soll der Entscheidungsprozess der NWA verdeutlicht werden. Unter der Prämisse ein neues Auto zu kaufen werden hier die Unterziele „Preis", „Raumangebot", „Leistung", „Design" und „Umweltbelastung" subsummiert. Neben der Differenzierung des Oberziels sind in Abbildung 5.1 die fünf Alternativen Fahrzugtypen aufgeführt.

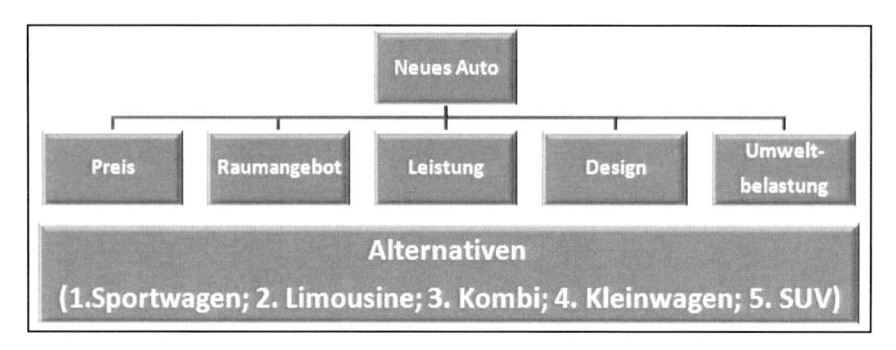

Abbildung 5.1: Kriterienbaum "Autokauf"[173]

Der Aufstellung der Kriterienhierarchie folgt deren Gewichtung. Die definierten Unterziele des Autokaufes wurden hier beispielhaft vom ET prozentual gewichtet. Die Gewichtung wurde im Folgenden sowohl grafisch als auch mathematisch als Fuzzy-Zahl in der LR-Schreibweise konstruiert (siehe Abbildung 5.2).[174]

---

[173] Eigene Darstellung
[174] Berechnungen des Beispiels siehe Anhang Tabelle V.2

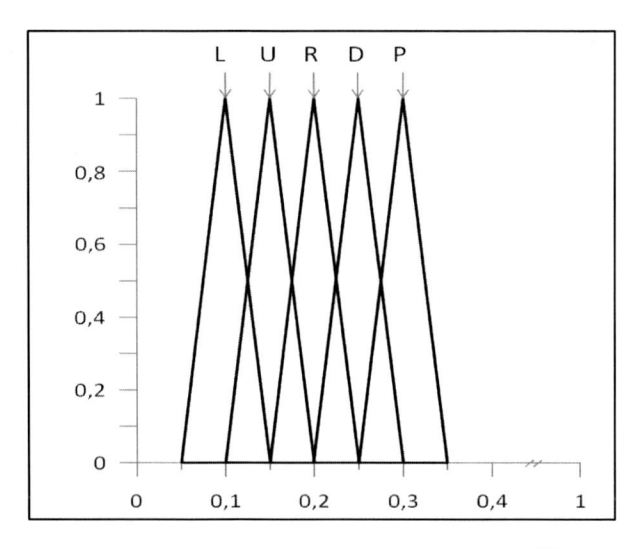

Abbildung 5.2: Fuzzy-Gewichte der Kriterien[175]

Gemäß dem Referenzrahmen zufolge, werden die gewichteten Unterziele für jede Alternative im dritten Schritt bewertet. Durch das Notensystem von „1- sehr gut" bis „6- ungenügend" sind die möglichen Erfüllungsgrade der Kriterien vorgeben. Hierbei entspricht eine „1" einem Erfüllungsgrad von 100%.[176] Der ET ist somit in der Lage den Kriterien seine Präferenzen für das jeweilige Automodell zuordnen. In Abbildung 5.3 wurden hier vorab die sechs möglichen linguistischen Urteile mit Fuzzyintervallen verknüpft und dargestellt. Die Bewertung der einzelnen Autos sowie deren Kriterien sind dem Anhang zu entnehmen. Die verwendeten Hilfsparameter δ und γ der Fuzzyintervalle sind im Beispiel frei gewählt worden.[177]

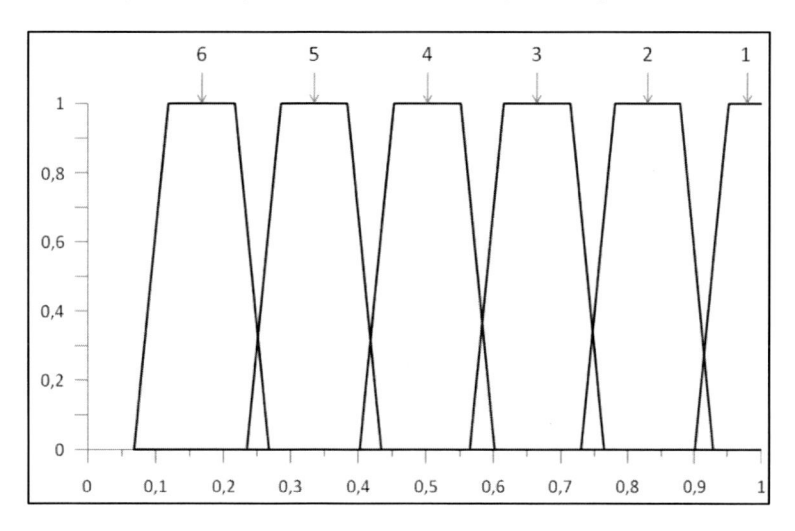

Abbildung 5.3: Fuzzy-Intervalle der Kriterienbewertung[178]

---

[175] Eigene Darstellung und Berechnung, in Anlehnung an: Roth, B. (1998), Seite 230
[176] Berechnungen des Beispiels siehe Anhang Tabelle V.1
[177] Berechnungen des Beispiels siehe Anhang Tabelle V.3
[178] Eigene Darstellung und Berechnung, in Anlehnung an: Roth, B. (1998), Seite 229

Die bewerteten Teilziele werden nun mit den in Schritt zwei definierten Gewichten verknüpft. Exemplarisch wurde hier das Preiskriterium (n) für den Sportwagen mit der Gewichtung (w) „6-ungenügend" dargestellt (siehe Abbildung 5.4). Die Multiplikation der LR-Intervalle wurde Näherungsweise nach der Gleichung 17 berechnet:[179]

$$(m_1, m_2, \alpha, \beta)_{LR} \odot (m_3, m_4, \gamma, \delta)_{LR} = (m_1 m_3, m_2 m_4, m_1 \gamma + m_3 \alpha, m_2 \delta + m_4 \beta)_{LR}$$

(Gleichung 17)

Der entstandene Teilnutzen (n*w), in Form eines LR-Intervalles, repräsentiert somit den gewichteten Erfüllungsgrade des ET und somit auch dessen Präferenz.[180]

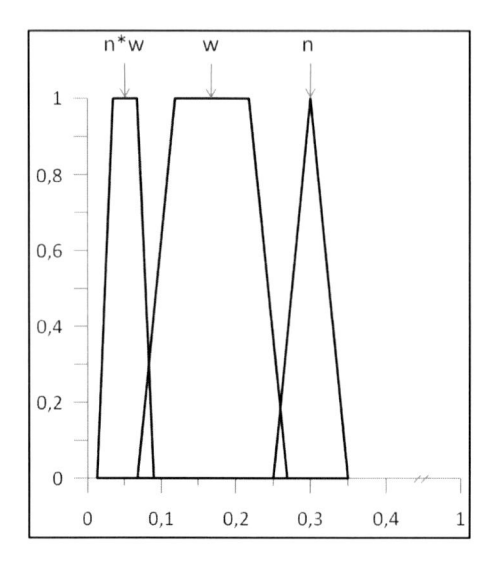

Abbildung 5.4: Ermittlung des Teilnutzens[181]

Im Anschluss bedarf es nun der Addition der gewichteten Teilnutzen. Exemplarisch ist die Addition der Teilnutzen für Alternative 1 –Sportwagen- in Abbildung 5.5 illustriert. Grundlage für die Berechnung des Fuzzy-Gesamtnutzwertes bildet die Formel 18:[182]

$$(m_1, m_2, \alpha, \beta)_{LR} \oplus (m_3, m_4, \gamma, \delta)_{LR} = (m_1 + m_3, m_2 + m_4, \alpha + \gamma, \beta + \delta)_{LR}$$

(Gleichung 18)

---

[179] Vgl. Mißler-Behr, M. (2001), Seite 57, Friedrich, A. (1997), Seite 275
[180] Berechnungen des Beispiels siehe Anhang Tabelle V.4
[181] Eigene Darstellung und Berechnung, in Anlehnung an: Roth, B. (1998), Seite 231
[182] Vgl. Mißler-Behr, M. (2001), Seite 57, Friedrich, A. (1997), Seite 274

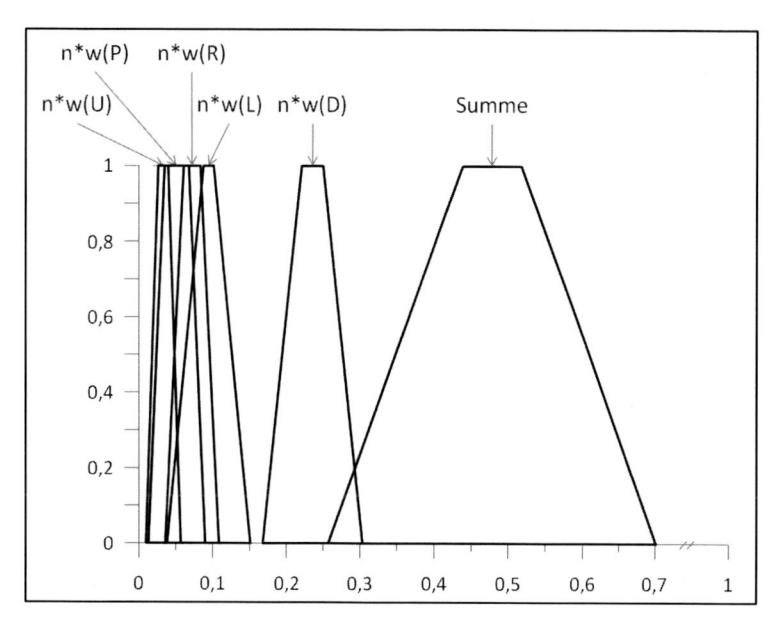

Abbildung 5.5: Gesamtnutzen der Alternative Sportwagen[183]

Es lässt sich folglich für jede der fünf Alternativen ein Fuzzy-Nutzwert ermitteln (siehe Abbildung 5.6).

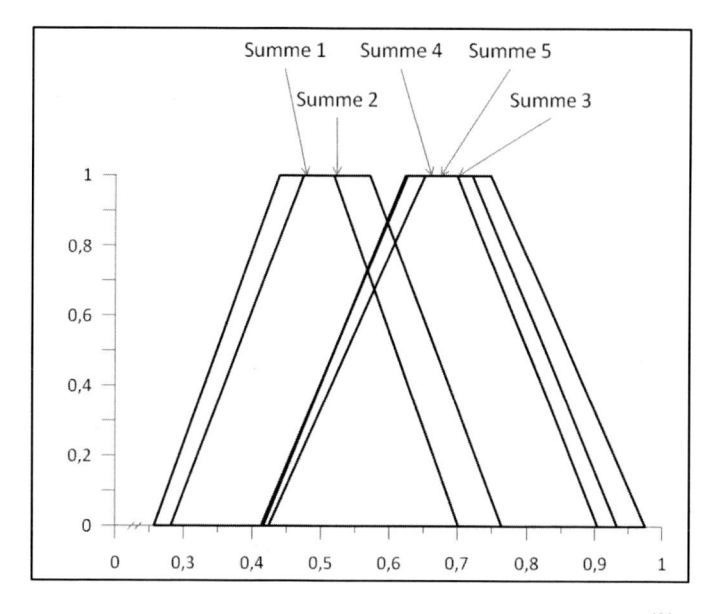

Abbildung 5.6: Gegenüberstellung der Fuzzy-Gesamtnutzen[184]

An Hand dieser Summen ist es im letzten Schritt möglich, unter Anwendung der ε-Präferenz, eine scharfe und widerspruchsfreie Präferenzordung zu erstellen.[185] Eine Alternative a_i, deren Nutzwert in der LR-Notation vorliegt, wird gegenüber einer anderen Alternative a_j

---

[183] Eigene Darstellung und Berechnung, in Anlehnung an: Roth, B. (1998), Seite 232
[184] Eigene Darstellung und Berechnung, in Anlehnung an: Roth, B. (1998), Seite 232
[185] Berechnungen des Beispiels siehe Anhang Tabelle V.5

präferiert, wenn die von Rommelfanger (1994) konstruieren Ungleichungen (siehe Gleichung 19) zutreffen.[186]

$$m_2 + \beta \geq m_4 + \delta$$
$$m_2 \geq m_4$$
$$m_1 \geq m_3$$
$$m_1 - \alpha \geq m_3 - \gamma$$

(Gleichung 19)

Unter Verwendung der beschriebenen ε-Präferenz sowie der Beispieldaten ergibt sich eine Präferenzordnung der möglichen Fahrzeugtypen. In dem gewählten Beispiel dominiert die Alternative 3 der Kleinwagen alle anderen Fahrzeugtypen (siehe Abbildung 5.7).

Abbildung 5.7: Präferenzordnung[187]

---

[186] Vgl. Rommelfanger, H. (1994), Seite 77; Aus Vereinfachungsgründen wurde auf die Berücksichtigung eines Sicherheitsniveaus verzichtet; das ε-Niveau wird hierbei y = 0 gesetzt
[187] Eigene Darstellung und Berechnung; siehe Tabelle V.5

6. Fazit und Ausblick

Determiniert durch die duale Logik entstehen bei der Abbildung von realitätsnahen Entscheidungssituationen Konflikte zwischen den klassischen Mehrzielentscheidungsverfahren und der menschlichen Logik. Bedingt durch subjektive Wahrnehmungen, Einstellungen und Wünsche ist jeder Mensch verschieden. Die menschliche Logik lässt sich daher im Gegensatz zur Denkweise eines Computer nicht auf 0 und 1 reduzieren. Durch den Einsatz der Fuzzy Set-Theorie ist es jedoch möglich, die individuelle krause und unscharfe menschliche Logik mathematisch skalierbar zu machen. Mit dem vorgestellten Integrationsmodell der Fuzzy-NWA ist es gelungen, eine Synthese zwischen der menschlichen Logik und einem klassischen Mehrzielentscheidungsproblem zu konstruieren. Das Entscheidungsmodell ist folglich in der Lage, die optimale Handlungsalternative zu ermitteln, obwohl die Präferenzen des ET nur als verbale und unscharfe Äußerungen vorliegen. Durch die Möglichkeit sowohl qualitative als auch quantitative Aspekte zu integrieren, wurde der Anwendungsbereich des Verfahrens durch die Fuzzy-Logik maßgeblich erweitert.[188] Es lassen sich somit reale Entscheidungsprobleme in ein scharf abgegrenztes operatives Modell überführen, das den Präferenzen des ET entspricht.[189] Der Erfolg des Verfahrens ist hierbei elementar an das Verständnis, die Transparenz sowie den Realitätsbezug des Verfahrens gekoppelt.[190] Es ist jedoch fraglich, in wieweit der Realitätsbezug mit steigenter Komplexität des Entscheidungsmodells, aufrecht erhalten werden kann.[191]

Die Integration von Unschärfe in die klassische Entscheidungstheorie sowie in andere scharfe mathematische Modelle wird in Zukunft stetig zunehmen, um sich den Ansprüchen der realen Umwelt besser anpassen zu können.[192] Es ist folglich zu konstatieren, dass die Fuzzy-Logik auch in Zukunft ein wichtiges Werkzeug der Entscheidungstheorie sein wird.[193]

---

[188] Vgl. Chen, S.-J., Hwang, C.-L. (1992), Seite 488, Kuhl, J. (1996), Seite 234
[189] Vgl. Rommelfanger, H. (1994), Seite 118
[190] Vgl. Roth, B. (1998), Seite 265f.
[191] Vgl. Chen, S.-J., Hwang, C.-L. (1992), Seite 490
[192] Vgl. Geyer-Schulz, Andreas (1986),Seite 245
[193] Vgl. Kuhl, J. (1996), Seite 234

V. Anhang

Tabelle V.1: Bewertungsschema[194]

Linguistische Urteile	Erfüllungsgerade	Fuzzy-Erfüllungsgerade (w) LR-Schreibweise (m3;m4;δ;γ)
sehr gut (1)	100%	(0,95 ; 1 ; 0,1 ; 0)
gut (2)	83%	(0,78 ; 0,88 ; 0,05 ; 0,05)
befriedigend (3)	67%	(0,62 ; 0,72 ; 0,05 ; 0,05)
ausreichend (4)	50%	(0,45 ; 0,55 ; 0,05 ; 0,05)
mangelhaft (5)	33%	(0,28 ; 0,38 ; 0,05 ; 0,05)
ungenügend (6)	17%	(0,12 ; 0,22 ; 0,05 ; 0,05)

Tabelle V.2: Kriteriengewichtung[195]

Attribute	Prozentuale Teilzielgewichtung	Fuzzy-Teilzielgewichtung (n) LR-Schreibweise (m1;m2;α;β)
Preis (P)	30%	(0,3 ; 0,3 ; 0,05 ; 0,05)
Raumangebot (R)	20%	(0,2 ; 0,2 ; 0,05 ; 0,05)
Leistung (L)	10%	(0,1 ; 0,1 ; 0,05 ; 0,05)
Design (D)	25%	(0,25 ; 0,25 ; 0,05 ; 0,05)
Umweltbelastung (U)	15%	(0,15 ; 0,15 0 0,05 ; 0,05)

[194] Eigene Berechnung und Darstellung
[195] Eigene Berechnung und Darstellung

Anhang

Tabelle V.3: Alternativenbewertung[196]

Attribute	Alternative 1 Sportwagen	Alternative 2 Limousine	Alternative 3 Kombi	Alternative 4 Kleinwagen	Alternative 5 SUV
Preis (P)	6	5	3	1	4
Raumangebot (R)	5	4	2	5	1
Leistung (L)	1	2	3	5	3
Design (D)	1	3	3	4	2
Umweltbelastung (U)	6	4	3	1	5

Tabelle V.4: Fuzzygesamtnutzen der Alternativen[197]

Attribute	Alternative 1 Sportwagen	Alternative 2 Limousine	Alternative 3 Kombi	Alternative 4 Kleinwagen	Alternative 5 SUV
n(i,P)*w(i,P)	(0,036 ; 0,07 ; 0,02 ; 0,03)	(0,084 ; 0,11 ; 0,03 ; 0,03)	(0,186 ; 0,22 ; 0,05 ; 0,05)	(0,285 ; 0,3 ; 0,08 ; 0,05)	(0,135 ; 0,17 ; 0,04 ; 0,04)
n(i,R)*w(i,R)	(0,056 ; 0,08 ; 0,02 ; 0,03)	(0,09 ; 0,11 ; 0,03 ; 0,04)	(0,156 ; 0,18 ; 0,05 ; 0,05)	(0,056 ; 0,08 ; 0,02 ; 0,03)	(0,19 ; 0,2 ; 0,07 ; 0,05)
n(i,L)*w(i,L)	(0,095 ; 0,1 ; 0,06 ; 0,05)	(0,078 ; 0,09 ; 0,04 ; 0,05)	(0,062 ; 0,07 ; 0,04 ; 0,04)	(0,028 ; 0,04 ; 0,02 ; 0,02)	(0,062 ; 0,07 ; 0,04 ; 0,04)
n(i,D)*w(i,D)	(0,2375 ; 0,25 ; 0,07 ; 0,05)	(0,155 ; 0,18 ; 0,04 ; 0,05)	(0,155 ; 0,18 ; 0,04 ; 0,05)	(0,1125 ; 0,14 ; 0,04 ; 0,04)	(0,195 ; 0,22 ; 0,05 ; 0,06)
n(i,U)*w(i,U)	(0,018 ; 0,03 ; 0,01 ; 0,02)	(0,0675 ; 0,08 ; 0,03 ; 0,04)	(0,093 ; 0,11 ; 0,04 ; 0,04)	(0,1425 ; 0,15 ; 0,06 ; 0,05)	(0,042 ; 0,06 ; 0,02 ; 0,03)
Summe	(0,4425 ; 0,53 ; 0,19 ; 0,17)	(0,4745 ; 0,57 ; 0,18 ; 0,2)	(0,652 ; 0,75 ; 0,21 ; 0,24)	(0,624 ; 0,7 ; 0,22 ; 0,19)	(0,624 ; 0,71 ; 0,21 ; 0,22)

[196] Eigene Berechnung und Darstellung
[197] Eigene Berechnung und Darstellung

Anhang

Tabelle V.5: Rangordnungsverfahren[198]

Attribute	Alternative 1 Sportwagen	Alternative 2 Limousine	Alternative 3 Kombi	Alternative 4 Kleinwagen	Alternative 5 SUV
$n(i,P)*w(i,P)$	[0,036 ; 0,1 ; 0 ; ; 0]	[0,084 ; 0,1 ; 0 ; ; 0]	[0,186 ; 0,2 ; 0 ; ; 0]	[0,285 ; 0,3 ; 0,1 ; ; 0,1]	[0,135 ; 0,2 ; 0 ; ; 0]
$n(i,R)*w(i,R)$	[0,056 ; 0,1 ; 0 ; ; 0]	[0,09 ; 0,1 ; 0 ; ; 0]	[0,156 ; 0,2 ; 0 ; ; 0]	[0,056 ; 0,1 ; 0 ; ; 0,1]	[0,19 ; 0,2 ; 0,1 ; ; 0,1]
$n(i,L)*w(i,L)$	[0,095 ; 0,1 ; 0,1 ; ; 0,1]	[0,078 ; 0,1 ; 0 ; ; 0]	[0,062 ; 0,1 ; 0 ; ; 0]	[0,028 ; 0 ; 0 ; ; 0]	[0,062 ; 0,1 ; 0 ; ; 0]
$n(i,D)*w(i,D)$	[0,238 ; 0,3 ; 0,1 ; ; 0,1]	[0,155 ; 0,2 ; 0 ; ; 0]	[0,155 ; 0,2 ; 0 ; ; 0]	[0,113 ; 0,1 ; 0 ; ; 0]	[0,195 ; 0,2 ; 0,1 ; ; 0,1]
$n(i,U)*w(i,U)$	[0,018 ; 0 ; 0 ; ; 0]	[0,068 ; 0,1 ; 0 ; ; 0]	[0,093 ; 0,1 ; 0 ; ; 0]	[0,143 ; 0,2 ; 0,1 ; ; 0,1]	[0,042 ; 0,1 ; 0 ; ; 0]
Summe	[0,443 ; 0,5 ; 0,2 ; ; 0,2]	[0,475 ; 0,6 ; 0,2 ; ; 0,2]	[0,652 ; 0,8 ; 0,2 ; ; 0,2]	[0,624 ; 0,7 ; 0,2 ; ; 0,2]	[0,624 ; 0,7 ; 0,2 ; ; 0,2]

Rangordnungsverfahren

Sportwagen vs. Limousine
0,6985	≤	0,7785
0,525	≤	0,5745
0,4425	≤	0,4745
0,254	≤	0,2955

Sportwagen vs. Kombi
0,6985	≤	0,99
0,525	≤	0,752
0,4425	≤	0,652
0,254	≤	0,439

Sportwagen vs. Kleinwagen
0,6985	≤	0,8945
0,525	≤	0,7015
0,4425	≤	0,624
0,254	≤	0,406

Sportwagen vs. SUV
0,6985	≤	0,9305
0,525	≤	0,714
0,4425	≤	0,624
0,254	≤	0,41

Limousine vs. Kombi
0,7785	≤	0,99
0,5745	≤	0,752
0,4745	≤	0,652
0,2955	≤	0,439

Limousine vs. Kleinwagen
0,7785	≤	0,8945
0,5745	≤	0,7015
0,4745	≤	0,624
0,2955	≤	0,406

Limousine vs. SUV
0,7785	≤	0,9305
0,5745	≤	0,714
0,4745	≤	0,624
0,2955	≤	0,41

Kombi vs. Kleinwagen
0,99	≥	0,8945
0,752	≥	0,7015
0,652	≥	0,624
0,439	≥	0,406

Kombi vs. SUV
0,99	≥	0,9305
0,752	≥	0,714
0,652	≥	0,624
0,439	≥	0,41

Kleinwagen vs. SUV
0,8945	≤	0,9305
0,7015	≤	0,714
0,624	≤	0,624
0,406	≤	0,41

Präferenzordung

$1 \leq 2 \leq 4 \leq 5 \leq 3$

[198] Eigene Berechnung und Darstellung (2010)

VI. Literaturverzeichnis

Ahlert, Martin (2003), Einsatz des Analytic Hierarchy Process im Relationship Marketing, GWV Fachverlage Wiesbaden 2003

Bamberg, Günter, Coenenberg, Adolf Gerhard (2006), Betriebswirtschaftliche Entscheidungslehre, Vahlen Verlag München 2006

Belton, Valerie, Stewart. Theodor J. (2003), Multi Criteria Decision Analysis: An Integrated Approach, Kluwer Academic Press Norwell 2003

Bennert, Reinhard (2004), Soft Computing-Methoden in Sanierungsprüfung und –controlling: Entscheidungsunterstützung durch Computational Intelligence, GWV Fachverlage Wiesbaden 2004

Bernroider, Edward, Mitlöhner, Johann (2006), Social Choice Aggregation Methods for Multiple Attribute Business Information, System Selection, http://subs.emis.de/LNI/Proceedings/Proceedings85/GI-Proceedings-85-23.pdf, Zugriff am 10.05.2010 um 14:24 Uhr

Berthel, J.(1973), Zur Operationalisierung von Unternehmungs-[Zielkonzeptionen], in: Zeitschrift für Betriebswirtschaftslehre (ZfB), 43. Jg., 1973, Nr. 1, S. 29-58

Biewer, Benno (1998), Fuzzy-Methoden : praxisrelevante Rechenmodelle und Fuzzy-Programmiersprachen, Springer Verlag Berlin 1997

Bleis, Christian (2006), Grundlagen Investition und Finanzierung, Oldenbourg Wissenschaftsverlag München 2006

Brans, J.P.; Vincke, Ph (1985), A Preference Ranking Organisation Method, in: Management Science, 31. Jahrgang,Heft 6, Seite 647-656

Braun, Oliver (2009), Entscheidungsunterstützung für die persönliche Finanzplanung, GWV Fachverlage Wiesbaden 2009

Chen, Shu-Jen, Hwang, Chin-Lai (1992), Fuzzy multiple attribute decision making : methods and applications, Springer-Verlag Berlin 1992

Coello Coello, Carlos, Lamont, Gary B., Van Veldhuizen, David A. (2007), Evolutionary algorithms for solving multi-objective problems, 2. Aufl.,Springer Verlag New York 2007

Dubois; Didier, Prade, Henri (1980), Fuzzy sets and systems : theory and applications, Academic Press New York 1980

Eisenführ, Franz, Weber, Martin (2003), Rationales Entscheiden, 4. Aufl., Springerverlag Berlin 2003

Fink, Kerstin, Christian, Ploder (2006), Wirtschaftsinformatik als Schlüssel zum Unternehmenserfolg, Deutscher Universitäts-Verlag Wiesbaden 2006

Literaturverzeichnis

Fischer, Barbara (2004), Finanzierung und Beratung junger Start-up-Unternehmen, Deutscher Universitätsverlag Wiesbaden 2004.

Friedrich, Alfred (1997), Logik und Fuzzy-Logik : eine leichtverständliche Einführung mit Beispielen aus Technik und Wirtschaft, expert-Verlag Renningen-Malmsheim 1997

Geldermann, Jutta (1999), Entwicklung eines multikriteriellen Entscheidungsunterstützungssystems zur integrierten Technikbewertung, Düsseldorf 1999

Geldermann, Jutta (2006), Mehrzielentscheidung in der industriellen Produktion, Universitätsverlag Karlsruhe Karlsruhe 2006

Geldermann, Jutta (2008), Multikriterielle Entscheidungsunterstützung für Automatisierungsprojekte, In: Westkämper, E. (Hrsg.); Verl, A. (Hrsg.): Effiziente Planung und Entwicklung von Automatisierungslösungen / Tagungsband Fraunhofer IPA Workshop, Stuttgart-Vaihingen 2008

Geyer-Schulz, Andreas (1986), Unscharfe Mengen im Operations Research, VWGÖ Wien 1986

Götze, Uwe (2006), Investitionsrechnung- Modelle und Analysen zur Beurteilung von Investitionsvorhaben, 5. Aufl., Springer Verlag Berlin 2006

Gurkasch, Denis (2007), Entscheidungsfindung in Unternehmen- der analytische Hierarchieprozess als Entscheidungsunterstützungsverfahren bei einem Standortwahlproblem, GRIN Verlag Norderstedt 2007

Hanne, Thomas (1998), Multikriterielle Optimierung: Eine Übersicht, https://www.fernuni-hagen.de/FBWIWI/forschung/beitraege/pdf/db251.pdf, Zugriff am 07.04.2010 um 15:39 Uhr

Harker, Patrick T. (1989), The Art and Science of Decision Making: The Analytic Hierarchy Process, in: Golden, Bruce L., Wasil, Edward A., Harker, Patrick T., Alexander, Joyce M.: The Analytic hierarchy process: applications and studies, Springer Verlag Berlin 1989, Seite 3-36

Hwang, Ching-Lai; Yoon, Kwangsun (1981), Multiple attribute decision making: methods and applications; a state-of-the-art-survey, Heidelberg 1981

Iwe, Heino (2000), Einführung in die Fuzzy-Technologie, http://www.htw-dresden.de/~boehme/Fuzzy_KogRob_WS2009/FuzzySkript_Iwe_2000.pdf, Zugriff am 04.05.2010 um 08:15 Uhr

Johtela, Tommi, Smed, Jouni, Johnsson, Mika Nevalainen, Olli (1998), Fuzzy Approach for Modeling Multiple Criteria in the Job Grouping Problem, http://citeseerx.ist.psu.edu/viewdoc/download?doi=10.1.1.28.3799&rep=rep1&type=pdf, Zugriff am 07.04.2010 um 17.29

Literaturverzeichnis

Kacprzyk, Janusz (1997), Multistage fuzzy control : a model-based approach to fuzzy control and decision making, Wiley & Sons Chichester 1997

Kuhl, Jochen (1996), Angepaßte Fuzzy-Regelungssysteme : Entwicklung und Einsatz bei ausgewählten betriebswirtschaftlichen Problemstellungen, Unitext-Verlag Göttingen 1996

Laux, Helmut (2007),Entscheidungstheorie, 7. Aufl., Springer Verlag Berlin 2007

Lillich, Lothar (1992), Nutzwertverfahren, Springer Verlag Heidelberg 1992

Lütters, Holger (2004), Online- Marktforschung: Eine Positionsbestimmung im Methodenkanon der Marktforschung unter Einsatz eines webbasierten Analytic Hierarchie Process (webAHP), Deutscher Universitäts-Verlag Wiesbaden 2004

Mayer, Andreas, Mechler, Bernhard, Schildwein, Andreas, Wolke, Rainer (1993), Fuzzy logic: Einführung und Leitfaden zur praktischen Anwendung; mit Fuzzy-Shell in C++, Addison-Wesley Verlag Bonn 1993

Meyer, Roswitha (2000),Entscheidungstheorie : ein Lehr- und Arbeitsbuch, 2. Aufl., Gablerverlag Wiesbaden 2000

Mißler-Behr, Magdalena (2001), Fuzzybasierte Controllinginstrumente : Entwicklung von unscharfen Ansätzen, Deutscher Universitätsverlag Wiesbaden 2001

Nissen, Volker (2007), Ausgewählte Grundlagen der Fuzzy Set Theorie, http://www.db-thueringen.de/servlets/DerivateServlet/Derivate-11797/IBzWI_2007-03.pdf, Zugriff am 07.05.2010 um 10:06 Uhr

Oberschmidt, Julia, Geldermann, Jutta, Ludwig, Jens (2009), Entscheidungsunterstützung zur Auswahl von Energietechnologien unter Berücksichtigung zeitlich veränderlicher Präferenzen, http://publica.fraunhofer.de/eprints/urn:nbn:de:0011-n-971347.pdf, Zugriff am 17.05.2010 um 16:12 Uhr

Ossadnik, Wolfgang (1998), Mehrzielorientiertes strategisches Controlling : methodische Grundlagen und Fallstudien zum führungsunterstützenden Einsatz des Analytischen Hierarchie-Prozesses, Physica-Verlag Heidelberg 1998

Ott, Notburga (2001), Unsicherheit, Unschärfe und rationales Entscheiden: die Anwendung von Fuzzy-Methoden in der Entscheidungstheorie, Physica-Verlag Heidelberg 2001

Pflugfelder, Michael (2007), Promethee und die Gaia Visual Modelling Technique, Grin-Verlag Norderstedt 2007

Rabetge, Christian (1991), Fuzzy Sets in der Netzplantechnik, Deutscher Universitäts-Verlag Wiesbaden 1991

Reinberg, Sebastian, Bröthaler, Johann (1997), Integration von Fuzzy-Methoden in Bewertungsverfahren, Wien 1997, http://www.corp.at/corp_relaunch/papers_txt_suche/CORP1997_reinberg_broethaler.pdf, Zugriff am 09.04.2010 um 14:39 Uhr

Literaturverzeichnis

Riedel, René (2006), Analytischer Hierarchieprozess vs. Nutzwertanalyse: Eine vergleichende Gegenüberstellung zweier multiattributiver Auswahlverfahren am Beispiel Application Service Providing, in: Fink, Kerstin, Ploder, Christian (2006), Wirtschaftsinformatik als Schlüssel zum Unternehmenserfolg, GWV Fachverlage Wiesbaden 2006, Seite 99-127

Rinza, Peter, Schmitz, Heine (1992), Nutzwert-Kosten-Analyse: eine Entscheidungshilfe, 2. Aufl., Düsseldorf 1992

Rommelfanger, Heinrich (1994), Fuzzy Decision Support-Systeme : Entscheiden bei Unschärfe , 2te Auflage, Springer-Verlag Berlin

Rommelfanger, Heinrich (2006), Fuzzy-Nutzwertanalyse und Fuzzy-AHP, in: Morlock, Martin, Schwindt, Christoph, Trautmann, Norbert, Zimmermann, Jürgen, Perspectives on operations research : essays in honor of Klaus Neumann, Deutscher Universitätsverlag Wiesbaden 2006

Rommelfanger, Heinrich J., Eickemeier, Susanne H. (2002), Entscheidungstheorie: klassische Konzepte und Fuzzy-Erweiterungen, Springer Verlag Berlin 2002

Roth, Britta (1998), Lösungsverfahren für mehrkriterielle Entscheidungsprobleme: klassische Verfahren, neuronale Netze und Fuzzy logic, Lang Verlag Frankfurt am Main 1998

Rutkowski, Leszek (2004), Flexible neuro-fuzzy systems: structures, learning, and performance evaluation, Kluwer Academic Press Norwell 2004

Saaty, Thomas L. (1986), Axiomatic Foundation of the Analytic Hierarchy Process, in: Management Science, 32. Jg. 1986,Heft 7, S. 841- 855

Scharer, Michael (2000), Nutzwertanalyse, Karlsruhe 2000, http://imihome.imi.uni-karlsruhe.de/nnutzwertanalyse_b.html, Zugriff am 09.04.2010 um 16:00 Uhr

Schneider, Karl-Heinrich (2004), Betriebswirtschaftslehre, Troisdorf 2004

Schreiner, Frank (2002), Die Nutzwertanalyse als Instrument des Controlling, GRIN Verlag Norderstedt 2002

Schulz, Gerd (2002), Regelungstechnik.: Mehrgrößenregelung - Digitale Regelungstechnik – Fuzzy-Regelung, Oldenbourg München 2002

Spengler, Thomas (2005), Stimmige Entscheidungen bei ungenauen Wahrscheinlichkeiten Spengler, in: Spengler, Thomas, Lindstädt Hagen (2005),Strukturelle Stimmigkeit in der Betriebswirtschaftslehre: Festschrift für Prof. Dr. Hugo Kossbiel, Hampp Verlag München 2005, Seite 259-283

Suchanek, Andreas (2010), Definition: Nutzen Version 8, http://wirtschaftslexikon.gabler.de/Archiv/2440/nutzen-v8.html , Zugriff am 09.04.2010 um 14:12 Uhr

Literaturverzeichnis

supply-markets.com (2010), Vorgehensweise bei der Nutzwertanalyse, http://www.supply-markets.com/Marktwahl/Nutzwertanalyse/Vorgehensweise_NWA.pdf, Zugriff am 12.04.2010 um 16:33 Uhr

Tietze, Jürgen (2005), Einführung in die angewandte Wirtschaftsmathematik, 12. Auflage, GWV Fachverlage Wiesbaden 2005

Traeger, Dirk H. (1994), Einführung in die Fuzzy-Logik, 2. Auflage, Teubner Verlag Stuttgart 1994

Trapp, Matthias (2002),Fuzzy Numbers, http://www.matthias-trapp.de/misc/matthias_trapp_fuzzy_numbers.pdf, Zugriff am 04.05.2010 um 07:14 Uhr

Turksen, Burhan (1985), Interval valued fuzzy sets based on normal forms, in: Fuzzy Sets and Systems, 20te Auflage, Heft 2, October 1986, Seiten 191-210

Vargas, Luis G. (1990), An overview of the Analytic Hierarchy Process and its applications, in: European Journal of Operational Research, 48. Jg. 1990, Heft 1, S. 2-8

Zadeh, Lotfi A. (1965), Fuzzy Sets, in: Information and Control, 8. Jahrgang, Heft 3, 1965, Seiten 338-353

Zadeh, Lotfi A. (1973), Outline of a New Approach to the Analysis of Complex Systems and Decision Processes, http://www-bisc.eecs.berkeley.edu/Zadeh-1973.pdf, Zugriff am 20.04.2010 um 19:56 Uhr

Zangemeister, Christof (1976), Nutzwertanalyse in der Systemtechnik : eine Methodik zur multidimensionalen Bewertung und Auswahl von Projektalternativen, 4. Auflage, Wittemannsche Buchhandlung München 1976

Zhang, M.E. Kejing (2004), Entwicklung eines integrierten multikriteriellen Entscheidungsunterstützungssystems für Gruppen, Shaker Verlag Aachen 2004

Ziegenbein, Ralf (1998), CriterEUS Ein multikriterielles Entscheidungsunterstützungssystem unter Excel, http://www.wi.uni-muenster.de/aw/download/publikationen/CGC5.pdf, Zugriff am 11.05.2010 um 10:50 Uhr

Zilker, Michael (2002), Automatisierung unscharfer Bewertungsverfahren Modellierung und prototypische Umsetzung am Beispiel von Virtual Reality Projekten, http://www.qucosa.de/fileadmin/data/qucosa/documents/962/1023354892859-9895.pdf, Zugriff am 29.04.2010 um 07:56 Uhr

Zimmermann, Hans-Jürgen (1983), Using fuzzy sets in operational research, in: European Journal of Operational Research, 13 Jahrgang, Heft 3, Seite 201-216

Zimmermann, Hans-Jürgen (1991), Fuzzy set theory - and its applications, Kluwer Academic Verlag Boston 1991

Zimmermann, Hans-Jürgen (Hrsg) (1993), Fuzzy-Technologien: Prinzipien, Werkzeuge, Potentiale, VDI-Verlag Düsseldorf 1993

Literaturverzeichnis

Zimmermann, Hans-Jürgen, Gutsche, Lothar (1991), Multi-Criteria Analyse - Einführung in die Theorie der Entscheidungen bei Mehrfachzielsetzungen, Springer Verlag Berlin 1991